马西米利亚诺·迪·文特拉　　Massimiliano Di Ventra

马西米利亚诺·迪·文特拉（Massimiliano Di Ventra）是加州大学圣迭戈分校的物理学教授。他曾出版过一本面向本科生的教材，*Introduction To Nanoscale Science And Technology*(Springer, 2004)，以及一本研究生教材，*Electrical Transport in Nanoscale Systems* (Cambridge University Press, 2008)。

英文原书插画出自马泰奥·迪·文特拉（Matteo Di Ventra, MD^2）。

科学方法

实践者的反思

Massimiliano Di Ventra 著

王景淳 郑晓 译

高等教育出版社·北京

致

埃琳娜、马泰奥和弗兰切斯卡

感谢他们在我生命中扮演的重要角色

译者简介

王景淳
1993年出生
四川绵阳人

2015年本科毕业于中国科学技术大学，现就读于该校化学物理专业，博士研究生。从小受科普作品影响，希望能从事科学研究工作，为科学传播贡献一份力量。

郑　晓
1980年出生
福建福州人

2002年毕业于中国科学技术大学化学物理系，2007年在香港大学化学系获得博士学位，2010年起在中国科学技术大学工作。研究领域为理论与计算化学。

译者序

王景淳　郑晓

2020年11月

科学是认识真理的唯一方式吗？

自然现象的本质是什么？为什么会存在自然现象？我们能够在科学中找到答案吗？

科学家们就某个问题达成了“共识”，是否意味着这个科学问题已得到解决？

无论你是科学爱好者还是科研工作者，在学习和运用科学知识的过程中，也许都产生过上述疑问。这些疑问都涉及科学的内涵，即科学研究的对象是什么？科学方法包含了哪些方面？它们之间的关系是什么？科学的边界究竟在哪里？在具有了一定的科学知识或背景后，脑海中就会自然浮现出这些问题。那么，对于这些问题，你是否已有了明确的答案呢？

在这本小书中，美国加州大学圣迭戈分校的迪·文特拉教授分享了他在二十多年的科研和教学过程中的心得体会。作者以轻松诙谐的笔触，系统介绍了实验观测、逻辑、假设和理论等科学方法的核心要素，以及它们之间的内在联系，进而阐述了如何应用科学方法来认识并探索物质世界和客观实在。这些内容为回答上述疑问提供了清晰的线索。

另一方面，在追逐“热度”已成风潮的今天，前沿科学领域的重大创新突破往往会得到大量的新闻报道和媒体宣传。在点击率的驱使下，某些不甚严谨乃至夸大其词的报道有可能造成公众对科学事业的误解，从而有损科学的客观性和公信力。本书的一个独特之处在于，作者在论述“科学能做什么”的同时，更加着墨于“科学不能做什么”。明确科学研究的范围和界限，可使读者在不具备专业知识的情况下，也能在一定程度上理解与甄别科学声明或主张。

最后，特别感谢高等教育出版社的和静编辑、李鹏编辑等在本书的翻译和出版过程中提供的大力支持和帮助。同时也感谢中国科学技术大学的丁旭同学在初稿的文字录入和校对方面付出的辛苦努力。

前言

马西米利亚诺·迪·文特拉　拉霍亚市，2017

1　英文原书插画作者是马泰奥·迪·文特拉（Matteo Di Ventra），马泰奥是原书作者马西米利亚诺·迪·文特拉（Massimiliano Di Ventra）的儿子。本书插画在原书插画的基础上重绘，已获原书作者的授权，原书插画作者保留对图片的版权。

我是一名理论物理学家。我在学术界工作了二十多年，经常在同行评审的学术期刊上发表文章。我教授本科和研究生课程，同时也是研究生和博士后导师。我会参加在世界各地举办的学术会议，和同行们交流讨论，工作中创造的快乐令我十分享受。

然而，多年以来，在我和各种人的交谈中，我发现他们会用科学来解释科学之外的问题，特别是哲学和宗教领域的问题。这种情况在一些受过良好教育的业余科学爱好者、学生，甚至科学工作者当中都有发生。

我觉得有必要跟我自己的学生们探讨一下这些问题。我想让他们明白科学的**范围与界限**，即“科学能做什么”，更重要的是“科学不能做什么”，以及我们能从科学这项人类事业中获得哪些知识。

根据他们的反馈，从2012年秋季学期到2013年春季学期，我在加州大学圣迭戈分校物理学院开设了一门课程，教授科学研究方法。

在备课的过程中，我发现媒体对科学发现或理论的错误报道常常会加深公众对“科学”所扮演角色的误解，有时就连科学家们自身也会推波助澜。这导致公众对“科学”的定位更加错乱。

这些标题党的报道为了吸引眼球，提高点击率，会把某种科学假说描述成事实。这种“新闻”往往能令不明真相的民众浮想联翩，渐渐成为集体意识中的“真理”，然而实际上，它们最多只能算科幻小说罢了。

在这种糟糕的环境下，普通人可能很难读懂科学报道，有时候仅仅谈论科学都是一件令人苦恼的事情。因为想要正确地理解和评价一项科学发现或者一个理论，需要一定的高等数学、物理或者其他相关学科的基础，显然大多数人并没有这样的基础。

即便是某个领域的研究人员，也不能声称对其他所有领域都了如指掌。在科学发展日新月异的情况下，没有人能无所不知。

尽管如此，评价一个科学主张[1]其实不需要多少专业知识。事实上，科学建立在一套明确的**方法论**[2]上，我们称之为科学方法。它提供了认识和探索自然的指导原则，同时也定义了科学研究的范围和界限。

科学方法对所有自然科学都是通用的，不管是生物学、化学还是物理学。它是科学知识的主线和框架。当今社会的每一个人都应该熟知科学方法，这其实很容易，只要愿意花点时间，无论是像我这样的科学工作者还是业余爱好者都可以轻松掌握它的精髓。

1 科学主张：研究人员声称他们基于各种科学方法得到的研究成果和预测结果。注意由于各种原因，这些结果并不总是符合客观事实的。——译者注

2 方法论：某学科使用的一套方法、规定和公理，一个步骤或一套流程。——译者注

这本小书正是为大家提供这样的便利而写的，我从科学方法那门课的讲义中整理出了这些文字。你只需要具备自然科学方向大学一年级的基础知识，甚至只需高中的知识就可以轻松地阅读本书。

其中“自然科学”指的是研究各种自然现象的学科，比如物理、化学和生物（本书的讨论也可能涉及经济学和心理学等社会科学中采用经验方法研究的部分）。

尽管数学是我们用来描述自然现象的语言，它本身的研究方法和目的却和自然科学有显著的不同，因此本书不做讨论。

本书将讨论以下概念：客观实在和对自然现象的近似描述；观察者的角色；客观事实、假说以及理论之间的区别；“可证伪性”的含义；追寻科学真理的道路上的“民主的缺失”；以及实验证据在科学知识的获取中扮演的重要而不可或缺的角色。

我力图将本书写得通俗易懂，为此尽量避免涉及艰深的概念。我以一些众所周知且简单直白的事实作为示例，以便读者们能放心地将注意力放在我们探讨的方法上，而不需要担心举例是否正确。

从这些例子出发，我希望读者们能够借助通用的科学方法，来批判性地分辨各种类型的科学主张，并能独立地判断它们是否具有坚实可靠的方法学基础。

我坚信，全面了解科学研究的方法论、范围和界限可以使我们的文化更加强盛，可以为我们解决科学相关的问题提供帮助，可以令我们更有创造性地建设美好的未来。

本书关注科学研究的方法，然而我认为它不应该被当作一部认识论——即“研究知识的理论”——的专著。它仅仅是我个人长期践行科学方法的一点心得。

谈到对于自然科学研究的范围和界限的理解与讨论，我的同行皮埃尔·杜亥姆（Pierre Duhem）是我的知音。这位19世纪的物理学家曾不惜笔墨地阐述过物理学理论的框架结构，书名叫《记录现象》[1]，出自柏拉图的一句名言。杜亥姆在他的著述中引用并拓展了这句话，总结了科学理论应该以什么作为追寻的目标。

尽管本书并非认识论的专著，科学的哲学/逻辑学基础仍然是我们讨论的出发点和落脚点。在今天，这个出发点显得尤其重要。忘记它，就会把科学变成一种糟糕的“宗教”。这种名为“科学主义”（Scientism）的糟糕“宗教”对科学本身来说危害巨大，不论是普通民众还是科研人员，所有人都应该坚定地抵制它。

1　完整书名是《记录现象：关于从柏拉图到伽利略的物理学理论观点的论文》（*To Save the Phenomena: An Essay on the Idea of Physical Theory from Plato to Galileo*）。这是皮埃尔·杜亥姆在1908年写就的一篇论文，讨论了物理学理论与形而上学（metaphysics）之间的关系。——译者注在这个信息爆炸的时代，各种嘈杂的新闻与热点持续不断地冲击着我们的共性知识。为此我特别加了两章内容，一章讨论科学主义这种“宗教”，另一章讨论“是什么”和“为什么”这种问题。我想通过这两章，为澄清“科学研究”在这个时代的真正含义贡献我的微薄之力。

我真切地希望这本书能重新燃起大家心中对于科学这项光辉事业的火焰，激励更多人满怀热忱地发掘科学的基础，推陈出新。

又及：为什么要加漫画插图呢？你可能听过一句话，“一图胜千言”。我个人认为一幅幽默的插图能令阅读变得轻松，也能更好地传达作者的意思，让读者感觉到我们总是可以在活泼愉悦的氛围中讨论严肃的话题。

双及：本书的插画出自MD^2（我的儿子马泰奥·迪·文特拉）之手。

叒及：“讲真话的人最讨厌。”——柏拉图

…∞…又及：“我想跟每个人都成为朋友，但其实我最想跟真理做朋友。”——我自己翻译的亚里士多德对柏拉图的评价

科学方法

实践者的反思

Massimiliano Di Ventra 著

王景淳 郑晓 译

没有哲学的科学

①

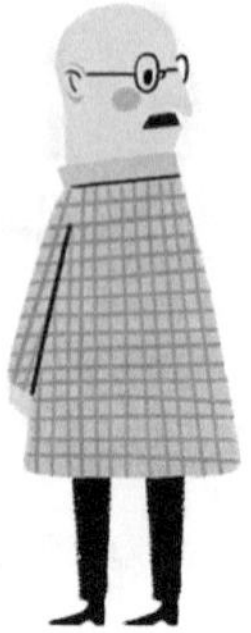

在我们深入讨论科学方法之前，首先需要明确下面这个问题。

科学能与“爱智慧”（即哲学[1]）撇清关系么？

在科学至上的今天，科学被看作最高尚的人类活动（之一），受各种因素的影响，如今我们相信科学方法不依赖于任何哲学观点，从而让前者显得坚实可靠。

所以我们都听到过某些论调，像“科学是认识真理的**唯**一方式”[2]或者“哲学已死”[3]之类的。

我们以第一句话为例分析一下：“科学是认识真理的**唯**一方式。”好的，假设这句话是正确的，那么如何用“科学”证明这句话是正确的？

没有办法。我们无法设计任何一个实验来证明这句话的正确性！

所以，这个论断本身就是不科学的。它是自相矛盾的，也就是错误的。

但是如果实验是我们唯一可用的方法，在无法用实验

1 “哲学”这个词来自希腊语φιλοσοφία，即philosophia，直译为“love of wisdom”，即“爱智慧”。——译者注

2 随便在网上搜索一下就能发现很多文章都包含类似的语句。这里特别强调了“唯一”这个词。

3 S. Hawking, L. Mlodinow, *The Grand Design: New Answers to the Ultimate Questions of Life* (Bantam, 2010).

验证这句话真伪的情况下，我凭什么可以说这句话是错误的呢？

我使用了一种人类与生俱来的能力，哲学家先贤比如亚里士多德，很早就发现了这种能力并将其规范化了。这种能力被称作：逻辑思维。

这里提到的逻辑，是哲学的基石，也是人类最早研究的一门数学分支。我们正是在这种“哲学的”逻辑上建筑起所有知识，不管是科学的还是其他方向的。我们每天都在使用逻辑，大家都对它习以为常以至于感觉不到它的存在。

举个例子，假设我们上班要经过某条路。这条路平常都是干的，然而某天我们忽然观察到它变湿了。

不需要任何证据，我们可以立刻断言某种东西（比如水或者别的液体）把这条路打湿了。如果这条路不受外界影响，它不可能会变湿。

总之，我们知道一定有某种外界因素导致这条路变湿，而非这条路自己变湿，尽管我们不知道那种因素具体是什么。

仅凭从经验中构建的逻辑思维方法，我们就可以得到如上结论。

如果有人问你是怎么得到这个结论的，你可以直白地说你现在看到这条路湿了，和往日你看到的样子不一样，所以肯定有什么东西改变了它干燥的状态，这样才符合逻辑，这是**常识**。

看到潮湿的路面就可以断言有某种外界因素导致路面变湿，这就是“符合逻辑”的推理过程。

如果你的朋友告诉你，“你错了，这条路现在是湿的，那它就是湿的而已，没有原因。”也就是说，这条路变得“潮湿”这件事是**凭空发生**的，就这样。我想此时你的表情应该会非常精彩。

事实上，我们在日常生活中做出的任何推理，都如上述讨论一样，是运用逻辑思维完成的。科学也需要用逻辑学以及其他的哲学基础来定义它的原则和方法。离开了逻辑的基础，我们在科学研究中所做的任何事情都是毫无意义的。

另一方面，尽管科学的论断都需要符合逻辑，反过来却不一定正确，即符合逻辑的陈述不一定都是科学的，即使这样的陈述仅仅涉及客观的物质。我们以之前“潮湿的路面”为例来分析一下。

在这个例子中，原因（水或者其他液体）和结果（路面潮湿）都是**自然的**。我没有讨论任何“**超自然**”的因素（比如有鬼魂在路面上洒水？）。在这个前提下，结合了我的感官（视力或触觉）与之前的经验，我得到了一个正确的、符合逻辑的结论。

除此之外，我并没有提及或者使用任何本书中将要提到的科学方法论。

我想着重强调一下这一点。我们时常通过新闻媒体、期刊、人物访谈等渠道接触到一些貌似符合逻辑的所谓“科学报道”（我在最后几章中会给出一些例子），但它们一点也不科学！

我们要对这些貌似符合逻辑的“科学报道”保持警惕，尤其是从事科学研究或者对某些“理论”做出评价的时候。

最后要说明一下，即使我们讨论的范围超出了物质世界，仍然可以用逻辑思维来判断一句话是否正确，也就是辨别它的真伪。

比如本章开头提到的例子，“科学是我们认识真理的唯一方式”，尽管对它的分析没有“潮湿的路面”那么显然，也不涉及日常生活的经验，但证明它是错误的推理仍然是一种逻辑思维过程。

后面还会再次详细地分析这个例子。事实上，科学仅适用于物质世界，仅能对可用实验证明真伪的陈述做出判断，在这个前提下，仅从逻辑上判断，“科学是我们认识真理的唯一方式”这句话就是错误的，因为它的真伪**不能用实验检验**。

如果某人坚持告诉你这句话是正确的，你的表情依然会很精彩，因为在这种情况下，他表现得“不合逻辑”。

所以不要说“哲学已死”，它实际上还挺硬朗的。人类（应该）使用理性思维（常识）来处置各种事件，包括科学。

下面我将把讨论限制在逻辑学中对科学方法十分重要的部分。在此之前，我们需要先定义**科学研究的对象**是什么。

【本章干货】

- □ 逻辑对于科学研究来说十分重要，是科学方法的核心。
- □ 某个说法可以是符合逻辑但不科学的。
- □ 科学不是我们认识真理的唯一方式。其他包含智力活动的学科，比如哲学和宗教，也可以是知识的正确打开方式。
- □ 哲学100%**没有**死。

物质世界和客观实在

②

科学的每一门分支都倾向于探索某个特定的领域。生物学研究各种生物，物理学主要研究无生命的物体之间时间和空间的关系。其他学科也类似。

然而不论是哪个具体的研究领域，自然科学所研究的任何对象和事件都只能直接由我们的感官来感知，或者间接地通过仪器观测。感官包括了视觉、嗅觉或触觉等；而对于人无法直接观察的物体或事件，我们发明了各种**仪器**作为人类的感官的延伸。

例如，某些恒星或太阳系中的某颗行星很难或甚至无法用肉眼观察到。为此，我们发明了望远镜来精确地拓展我们的目力所及。总之，所有用来观测周围环境的仪器装置都拓展了人类的感官。

因此，尽管自然科学的各个分支各有侧重，我们可以肯定地说，它的研究对象是**物质世界**。

具体来讲，我们通过与物体的**相互作用**来研究物体之间的**关系**。在研究过程中，我们观察到的是一系列**现象**。它指的是：当物体（不论它有无生命）之间发生相互作用，并且在某种程度上与用来探测的仪器发生相互作用时，该物体自身发生了什么变化。

我们把这些（彼此相互作用的物质个体的总和）称作**物质实在**或**物质世界**。

因此，科学**只**和物质世界相关。它**不能**也**不应该**涉及任何不属于物质世界的东西。

很快我们就会谈到，科学的工具是**经验性的**。我们能够从物质实在中得到的信息**全部**来自我们与周围环境的相互作用。

此处"相互作用"指的是通过仪器探索自然的一切直接或间接的行为。"周围环境"包括物质世界的所有内容，小到极小（亚原子世界），大到极大（我们观测到的宇宙）。

在物质世界之外，可能存在一种**超**自然的实在。然而"超自然"这个词本身就把自己置于科学能够研究的"自然"（物质）实在之外了[1]。我们当然可以在哲学或宗教领域研究它，但无法用科学来研究"超自然"。

因此，当我们谈论到科学时，应该牢牢地把它限制于物质实在的范畴内，不能再做半点延伸。

然而以上讨论不足以证明我们观察到的这个物质实在，与其他人观察到的是同一个实在。

科学家们则默认所有人观察到的都是同一个实在。

举个例子，如果我和另一位科学家在相同或近似的条

1 "超自然"即"supernatural"，前缀super-来自拉丁文supra，意思是"在……之上"。

件下观测月球，我们观测到的是同一个物体，可能因为月球与地球的相对运动而略有偏离，但仍然是同一个月球。

换句话说，当不同的人在相同条件下观察同一个现象时，结果之间应当是什么关系呢？

答案是：结果应当是相同的，至多随实验条件的微小变化而略有修正。我们观察天空中的月球，尽管昨天与今天它的位置发生了变化，但是昨天我们就可以**预测**它在今天的位置！所以我们认为，被研究的物体——月球本身并没有发生变化，唯一变化了的只是月球相对于观察者的位置。

由此，对科学而言必须做出如下声明：

科学研究的对象

能够通过我们的感官和仪器感知或观察的、独一无二的物质实在。它是客观的，它的存在与观察者无关。

我的确遇到过一些人，他们不承认客观实在的存在。某些电影或“信仰”的主题就是对客观实在的质疑，但我无法想象哪位科研工作者会持有类似的观点。

否认与观察者无关的客观实在的存在就是否认科学和科学方法。

为了向大家展示这种否认或质疑有多么荒谬，我们可

以设想两位科学家各自在**相同**的条件下做了**相同**的实验，却观察到了不同的“实在”。

比如一位科学家在显微镜里观察到了细菌，然后另一位科学家迅速抢过这台显微镜，却看到了病毒。当这两位科学家在一起交流观测数据时他们会发现两人得到的结果完全不同。

那么到底谁是对的？他们有办法在这样的结果的基础上建立任何共识吗？

不，在这种情况下，他们会认为他们研究的根本就不是同一个东西！

科学方法告诉我们，这两位科学家中一定至少有一位操作有误，或者不小心弄错了观察对象。他们需要不断重复实验，直到观察结果一致为止。关于这点，我之后还会详细解释。

值得一提的是，量子领域的研究也是如此。

在涉及量子现象的实验中，对于某一物理性质的**单次**测量，不同观察者可能得到不同结果。但是若在相同条件下对同一个系统的同一个物理性质进行足够多次的测量，这些测量结果的**归总**不应因人而异。

物理学家会从这些多次测量的结果中提取关键的参数，比如某个物理量的平均值，或者其他能够表征特定现象的参数。最后所有观察者必须在这些参数上达成一致。

如果两组研究人员测量的参数有显著的差异，那至少有一组在实验过程中出了差错。

不要认为他们会觉得这种差异是因为他们处于不同的客观实在中，因此一切正常。

如果真是那样的话，科学的广厦将倾颓，我们做的一切都没有意义了！

请注意，研究者们对观测数据的解释可以不同，但他们必须在数据本身上达成一致。我们可以在病毒是否活着这个问题上各持己见，但是我们必须承认，病毒就是病毒，它不是细菌。

我稍后会深入讨论实验的作用，它是科学的根基，意义重大。现在我们只需认同仅存在一个客观的物质实在。

在此基础上，我将阐明一个重要的观点。它是自然科学的一条基本原则，更重要的是它也是实践的准则。它从一开始就规定了我们应该如何开展科学研究。这就是**科学研究的界限**：

科学研究的界限

自然科学只研究物质实在。自然科学的探索只能涉及物质实在，因为除物质世界之外的东西都无法通过**实验**，被我们的感官或仪器探知。

前文提到的（错误）论断“科学是我们认识真理的唯一方式”，显然与上述原则相悖。

科学研究的界限清楚地告诉我们科学能够处理什么，不能处理什么。正如这条原则所示，科学所追寻的真理，必须是能够通过实验方法探测到的、属于物质世界的真理。

换句话说，想用自然科学来证明或证伪上帝的存在、自由的价值、美的内涵，或者其他无法用实验手段处理的问题，都是毫无意义的。

这些问题本身是有意义的，是合理合法甚至非常重要的，但我们应该用正确的方式来研究它们，比如宗教或哲学的方法，而非实验。正因如此，这些问题都不属于自然科学的研究范畴。

我前面曾经提到过，这里的讨论也适用于科学家提出的任何主张：如果该主张无法用实验来检验，那么它最多只能算一个假说，或者个人观点而已。

这些声明可以符合逻辑，却不科学。我们再用“潮湿的路面”的例子来谈谈这两者的不同。

在那个例子中，我断言如果我看到一条曾经是干燥的路面现在湿了，那一定是水或其他液体造成了这种潮湿的状态。在没有外界因素作用的情况下，这条路自身（组成路面的材料）不具有“湿”这一属性。

到此为止，我仅通过逻辑思维得到了一个合理的结论。如何使它成为一条科学论述，即能够用实验检验的论述呢？

仔细想想，我们还没有讨论过，是什么原因导致我能观察到那条路上有水。又是什么使得水会刚好出现在彼时（我看到的那天）彼处（那条路）？

总之，如果我问“为什么在那天，那条路上会有水？”，这就是一个非常具体且完全不同的问题了。

这个时候我要找的就是一种可令水落下打湿路面的自然**现象**。这个问题完全可以用科学方法来解决。

我可以说（或者**猜测**）我经过的那条路在前一天下过雨，因此雨就是“肇事者”。我完全可以查看那条路所在地区前一天的气象数据（如果有的话），来验证这个猜测。

如果气象数据证实了前一天那条路上确实（或至少有一定概率）下过雨，我**就**可以（带着某种程度的自信）断言我的结论（“下雨导致那天那条路上有水”）与我的观察（那天那条路是湿的）是一**致**的。

当然，这里我仍然用了逻辑思维（比如句式“如果……就”），不过我已进一步对可能导致观察结果的现象做出了论断。

以上我所做的一切都在自然科学研究的范围内，我仅仅寻找与**物质世界**相关的原因，而不探究任何超自然因素。

【本章干货】

- □ 我们通过实验的方式探索**独一无二的物质实在**。
- □ 如果我们想要以一种**客观的**、不依赖于观察者的方式开展科学研究，这个物质实在的唯一性是符合逻辑的必要前提。
- □ 科学**只能**处理这种客观的物质实在。
- □ 科学**不能**处理无法付诸实验的问题。
- □ 科学论述必须是符合逻辑的，但是符合逻辑的论述不一定是科学的。
- □ 即便不使用科学方法，即不进行任何实验检验，我们也能得到一些合理且符合逻辑的结论。

逻辑与第一性原理

3

客观实在是唯一能用科学来研究的实体。当我们承认它确实存在之后，那我们就可以问："如何来研究它呢？"

人类与其他动物不同，我们是理性的生物，可以"精骛八极，心游万仞"。然而，当我们的想象力运用到科学上时，它将受限于清楚且**不容商榷**的"边界"，即我前面提到的逻辑思维的限制。

逻辑深植于每个人的内心，我们基于它来做理性的思考。这种逻辑的基础是一些重要的**第一性原理**或者**不证自明的真理**（逻辑三大基本定律）。

下面我将要给出的一些表述是不证自明的，它们既不能用数学或物理学证明，也无法用逻辑学证明，事实上它们就是逻辑学的基础。这些表述是逻辑三大基本定律，它们最早由亚里士多德提出[1]。

同一律

一个东西就是它自己[2]。

1 *Metaphysics* 4.4, W.D. Ross (trans.), GBWW 8, 525-6.

2 若以A指代某个对象或命题，则同一律的意思是"A就是A"。——译者注

矛盾律

两个互相矛盾的命题不可能同时成立[1]。

排中律

对任何命题，要么它成立，要么它的否命题成立[2]。

看过之后，你马上就会觉得“这不是废话么”。是的！就是这么显然。这些大白话大致概括了所谓的**常识**。

因此，质疑这三条规律的人都是不可理喻的！哪怕缺少了任何一条，你都无法正常地思考问题，更别说与其他人交流了。

细心的读者立刻会发现，我在之前的讨论中已经偷偷用过这些规律了。比如用显微镜观察细菌的那个例子，当我把观察到的每个细菌个体称为“细菌”时它们就是细菌，这里我使用了“同一律”。

其次，“矛盾律”讲的是真理不可能是自相矛盾的，因为在同一前提下，一个命题不可能既成立又不成立。

例如，一个细菌不可能同时既是细菌又是病毒。再举个例子，现在有个科学家在观察一只猫，这只猫要么活着，

1 即“A 与非 A 不可能同时为真”。——译者注
2 即“A 与非 A 必有一个为真”。——译者注

要么死了。他不能声称“这只猫现在既是死的又是活的”[1]。

细心的读者还会立刻想起之前的另一个例子，“科学是认识真理的唯一方式”。这句话是错的，因为它的真值（即它是正确的还是错误的）仅从这句话本身来看是无法验证的（因为它宣称只有科学才能检验真理）。

换句话说，这句话是自相矛盾的。首先，它否定了“存在某种科学之外的手段可以认识真理”；其次，这句话本身并不是一个科学表述，它无法用实验来检验[2]。既然如此，那么我们还能用什么来检验这句话的真假呢？

因此，根据“排中律”，一个命题和它的否命题必有一个成立，我们即可得到结论即“科学**不是**我们认识真理的唯一方式”。

除了上面的三条基本原理，还有另外一条原理，我也在前文中悄悄用过了。

假设我看到有个球在地上滚动。即便没有看到球是如何开始滚动的，我也可以断定产生这个**效果**（即球在滚动）的**起因**必然是某人或某物以某种方式推了球一下。由此引出因果律：

1 量子力学并不与“矛盾律”（或其他任何一条逻辑基本规律）相抵触。在量子力学中有一个叫做“薛定谔的猫”（Schrödinger's cat）的思想实验。近年来有一些一知半解的文章暗示，该实验表明量子力学违反了矛盾律。实际上，当你在实验中**观察**猫的时候，猫要么是活着，要么已经死了，必取其一，而非处于一种活着/死了的叠加态。后面我会运用逻辑三大基本规律来分析量子力学相关的问题。

2 这里作者运用了在第2章中介绍的“科学研究的界限”。——译者注

因果律

在某个时刻发生的任何事件都是由其他事件引起的，不会凭空发生。

我们试着从哲学和科学两个角度来理解这条原理。

从哲学的角度来看，我们可以将因果律中的两个实体（即原因和结果）提取出来，用以考虑科学之外的逻辑结论。

举个例子，某人观察到一个物体的运动（比如球在滚动），就断定某个原因导致了这种运动（比如小孩踢了球）。以此类推，这个原因还可以看成其他原因导致的结果。

这个过程在哲学上被称作“因果回归”。严格来讲，因果回归不必限于具体的事物或现象。实际上，这里所说的原因可以是宇宙中的任何事物，其导致的结果也可以是任何事物，甚至是任何概念或意象，比如时间和空间，或者我们的想法。

由此得到一个重要的结论，它与哲学上的“创造”有关。如果我们不加限制地对万事万物进行“因果回归”，会有两种结果：要么这种回归无休止地传递下去没有尽头，要么存在一个“第一推动者”，它是所有事物的“终极根源”，并且是“自给自足”的，即它的存在不需要任何原因。

我们一般把这个“第一推动者”称为**上帝**。若上帝真的存在，是他从真空（哲学上的“一切都不存在”“虚无”）中创造了所有的实在（以及随之而来的运动），包括时间、空间和物质等。

这就是哲学上说的“无中生有”[1]，这里的“无”是严格意义上的“什么也没有”。

另一方面，不要把此处的“真空”和量子（场）论中的“真空”混为一谈。量子真空是一个物理实体，它具有时间、空间和能量等属性。哲学意义上的“真空”是指连这些属性都不存在，真的是什么都没有！

请注意，以上我基于逻辑思维对“第一推动”的存在与否进行了讨论，故得到的结论也仅限于逻辑学（哲学）的范畴，而与科学无关。

为什么呢？因为尽管我的结论可以是符合逻辑的，即可能有一个独立于时空的**超**自然存在（或超自然的现实），然而它**超**自然的本质使其超出了“科学研究的界限”，从而无法用自然科学来探究它。

用简单的话来说：即使有超自然的存在，也没有任何实验方法或任何物理仪器，能够用来探知它。

下面我们谈谈因果律在科学上的应用。

在科学中，因果律的使用受到更多限制。与哲学中的抽象思考和讨论不同，我们在科学中实实在在地运用着因果律。

1 “上帝造物”或“神创天地”。——译者注

那么，在科学层面而言，什么才算某个事件的“起因”呢？对于这个问题，我们要追寻到什么程度才能满意呢？

这一点很重要，因为它决定了某个或者某类现象探究的界限。

在科学上，对某个现象出现的“原因”的解答，实际上取决于我们要如何探究这个现象，也就是说要开展哪些实验，以及提出什么样的理论来描述这个现象。

换句话说，对某个现象给出的“原因”与我们测量（检测）该现象的能力有关；比如我们的测量仪器在观测物质世界时能达到的限度，以及我们（科学工作者们）愿意（能够）在什么样的细致程度上对观测对象进行理论描述。

还是以滚动的小球为例，可能我发现有个小孩踢了它一脚，就带着这个显而易见的原因（“解释”）高高兴兴地走了。

但我可能是个严谨的人，我可以把这个事件描述得更**细致**些。我会说，小孩的脚对小球施加了一个力，改变了球的动量，从而使得小球开始滚动。再细致些，从微观尺度来看，组成小孩脚部的所有原子通过它们之间的相互作用，从腿部的动作获得能量并以一定的速度开始运动。这些原子又和组成小球的原子相互作用，通过原子间的排斥作用传递了动量，小球开始运动。还可以再往下一个尺度，组成原子核的夸克……你懂我的意思了吧？

这个分析的过程不能这样没完没了地进行下去，最终停在何处，是由研究者自己以及（在一定程度上）由实验仪器所决定的。研究者也许对某个现象的一种解释感到不满，想提出一种新的假说来解释这个现象，然而他手边的仪器可能不足以用来检验他的假说。

对上面的例子，我们可以推测小球滚动的原因是小孩腿部原子的作用，但是用肉眼并不能证实这一点。所以如果我们手边能用的仪器只有眼睛，那么“小孩的腿把动量传给了小球”这个**描述**（“解释”）就应当令人心满意足了，完全无需再去想什么原子。

当然，这并不是说研究者不能对这种现象的原因做出一个更“本质”的**预测**，尽管可用的仪器无法检验这个预测，探求事物的本质并提出假说本身是正当的。

因此，即便只能用肉眼观察，研究者仍然可以通过假定小孩的腿中有原子这种实体来论证小球滚动这个现象的背后存在一个更深层的原因，后面这种解释看起来就更“深层”，更“本质”。

然而，如果这个解释想要符合科学的标准，它必须给出可供验证的预测。当新的仪器装置或实验手段的发现使得这个预测可被实验检测时，我们可对该预测的真伪得到明确的结论。否则，这个解释就仅仅是一个假说，或甚至不过是研究者本人的臆想罢了。后面我还会详细讲解这一点。

总之，在科学实践中，对一个特定的自然现象及其起因的描述所达到的深度不是抽象的、与观察者无关的概念。它由两个因素共同决定，其一是对于此现象观察者想研究到什么程度，其二是观察者所拥有的实验条件。

另外，由于之前提到的科学研究的界限，一个事件的起因必须是源于**自然**的。自然科学研究的对象是物质实在，科学工作者不能在研究中引入“超自然”的因素，比如“鬼魂”“奇迹”等不属于物质实在的意象。

还应注意，因果性不等于**相关性**，相关性指的是两个事件之间有关联。比如我看到地上有个球在滚动，同时听到了一声巨响。这两件事也许有关联，但在没有其他信息的情况下，我不能说其中的一件事必然导致了另外一件发生。

希望通过以上讨论，你已能很好地区分科学的和逻辑的表述了。尽管二者都建立在逻辑学的基础上，逻辑的表述却无需对应于一个可由实验检验的物质实在[1]。

若不明确这一点，就可能会造成科学的滥用。我会在本书的最后举些例子来详细说明，下面我们先来看看科学实验的重要作用。

1 严格意义上，所有数学的命题都是如此，只要能够清楚地、以符合逻辑的方式从基本公理出发把它们推导出来即可，无需考虑这些命题是否符合现实。

【本章干货】

- □ 我们依靠逻辑学的基本规律（第一性原理）来理性思考以及开展科学研究。
- □ 因果律在哲学上的运用与在科学上并不一致。
- □ 哲学上的“真空”与科学上的“真空”不同。对前者而言，包括物理属性在内的一切东西都不存在，它也无法测量；而后者则具有可被测量的物理属性。
- □ 科学上某个现象的“起因”与两个因素紧密相关，即实验观测的水平和理论描述的深度。
- □ 只有能够给出可供实验验证的预测结果的解释，才算是科学上有效的解释。
- □ 否则，所谓的解释只不过是假设或臆想。

自然现象和实验至上

④

“他用石头和羽毛检验了他的理论，审稿人让他再试试别的……”

正如之前所说，自然科学研究的对象是我们所在的这个独一无二的物质世界。作为观察者，我们可以通过研究感官和感官的延伸——仪器与物体之间发生的相互作用，来探索这个世界。这种相互作用被称为**自然现象**。

例如，当我观察两个物体的碰撞时，在整个观察的过程中，物体反射的光线持续地被我的眼睛捕捉。随后我的大脑开始分析这段信息，试图搞清楚我看到的是什么。如果没有反射光与眼睛的相互作用，我就无法看到物体。类似地，我们观察自然现象时使用的其他测量方式也是基于某种相互作用。

那么，我们探测的是物质世界的哪一部分呢？

首先要确定我们感兴趣的是哪一类现象，也许是太阳系中行星的运动，也许是某个有机体与它周围的环境或与其他有机体之间的互动。

反正一句话，想要一下子就把整个物质世界搞得清清楚楚，是不现实的。我们是很渺小的生物，仪器的能力也是有限的。

因此，我们的探究还仅限于物质世界一个非常小的子集。根据上一章的讨论，科学研究受到实验仪器的限制。后者不仅决定了我们能探索哪些自然现象，还决定了对于某个特定现象，实验观测可以得到哪些信息。

反过来讲，对于物质世界，科学家只能探索可以付诸实验的那部分物质实在。更精确的说法是，我们只能开展感官和感官的延伸（测量仪器）所允许的那些科学研究。

我们当然可以制造新的仪器来拓展科学研究的范围，进而揭示更广阔的物质世界。与之相对，凡是无法用仪器来验证的结论，就只是猜想或假说。

科学家必须通过实验来探索周围的世界，否则就只能提出假说或观点（有根据的猜测），后者还不能算是科学知识。这一点和大家听说或想象的可能不一样。

因此，自然科学始于实验，也终于实验。

至此大家应该明白了，在特定的时间，我们仅能用仪器探索物质世界的非常有限的某个部分。下面我们来看看这是怎么实现的。

理想情况下，我们希望测量仪器与被测物体之间的相互作用越小越好，这样仪器就不会对物体的状态造成显著的影响。当然有时候我们可能无法做到这一点，那么至少我们要知道仪器对被测物体状态的干扰程度。

如果我们清楚地知道仪器对测量结果的影响有多大，那么即使是用不同类型的仪器，通过多次重复实验，我们也应该能够在相同的**测量误差**范围内得到一致的测量结果。

比如测量我和一个物体之间的距离，我可以用尺子直接量出来。当这个距离太大导致尺子用不上的时候，我可以（用雷达）向这个物体发射无线电波，电波被物体表面反射，又回到我所在的位置。通过记录电波往返的总时间，并由空气中无线电波传播的速度，我就可以算出距离。

不管用什么方式来测量这个距离，比如说它是1千米，我需要重复测量很多次。每次的结果可能会稍有不同（比如多了或少了几米），这都是很正常的，因为测量中总有一些因素我无法控制（用无线电波测量的时候，空气密度的变化会导致结果的细微改变）。

但重复测量的次数越多，我对1千米这个结果就越有信心。最后把所有的测量结果加起来求平均值，再加上或减去一个较小的数（即测量误差或不确定度），就可以作为测量的最终结果。

如果我能够用尺子量这个距离的话，也要重复测量多次，给出一个平均值和相应的误差。比较两种测量方式（尺子和无线电波），当每一种结果的平均值都在另一种的误差范围内时，我们就说这两种方式是**一致**的（或者说它们相符）。比如用无线电波测量的距离是（1000±1）米，而用尺子测量的结果是（999±2）米，此时这两种方法得到的测量结

果就是一致的。

但如果尺子测量的结果是（990±2）米，那么它的上限就是992米，比用无线电波测量的最小值999米，还要小7米，现在两种测量方法在它们的误差范围内就**不一致**（或者说它们**不相符**）了。

此时我们可以寻找第三种测量方式来重新测量（比如等步长地“用脚丈量”，这是可行的，虽然麻烦些），或者重新评估前两种方法，找到我们之前没考虑到的系统误差。比方说用尺子测量的时候，因为尺子衔接的问题，测量轨迹不是直线而是一条歪歪扭扭的折线，因此实际的测量误差比我们之前估计的要大得多。

当通过实验来研究某个现象的时候，如果对它的物理性质（如上面例子中的距离）在给定的误差范围内获得了一个一致的（平均）测量值，我们就说这个测量值是**客观数据**或**客观事实**，其定义如下：

客观数据 或 客观事实

测量某一现象得到的**一致**的数据。它与具体的观察者无关。

那么测量至少应该重复多少次呢？这取决于我们选择的测量方式和希望达到的置信度（误差范围）。“用脚丈量”距离的时候不可能每次步长都相等，但如果我们愿意接受一个较大的误差，比方说10米，那我们随便走几圈就行了[1]。

重复足够多次之后，就可以断定它得到的结果是**客观**的。此时，即使换一个人或是使用不同类型的仪器来重复实验，也会得到与之前一样的结果，以及相同或更小的不确定度。

如果这个观察者发现他的结果和之前的不一致，那么，他可能操作有误，或者受到某种此前并不存在或未考虑到的因素影响，不管怎么说，他都需要重新进行实验。

这些不一致的数据也可能揭示了被研究的现象的新特性。此前也许受限于仪器的测量精度，未能观察到这些特性。

事实上，许多重大的科学发现都是这样诞生的。仪器的更新换代使人们对同一现象的探索不断深入。比如伽利略发明了望远镜，他通过这件仪器观察到了前人用肉眼观察不到的月球表面和土星环。

1　这里所做的“误差分析”是非常粗略的，我无意在此对测量过程和误差分析进行全面论述，对此感兴趣的读者可以参考J. R. Taylor的著作*An Introduction to Error Analysis: The Study of Uncertainties in Physical Measurements*（University Science Books, 1996）。

这里多说一句，以上内容同样适用于量子力学。实际上，只要搞清楚某个量子现象是怎样通过实验观测到的，就可以破解一些关于量子力学的“神话”。比如当我们声称量子力学中的实体“既是**粒子**也是**波**”（和“同一律”相悖了），这其实是对实验结果的严重误读。

我们以著名的双缝实验为例来详细讨论一下。考虑一束粒子，比如电子，它们一个一个地经由两道狭窄的缝隙通过屏幕1，撞到后方的屏幕2上，并在撞击处留下一个可见的点，证明电子在这个位置处表现得像一个粒子。然而，当很多电子撞击过后，从远处观察屏幕2，会看到波的干涉图样，这是**所有**电子共同作用的结果，单个电子并**没有**表现出波的性质！

事实上，为了观察到电子的波动性，我们不得不重复实验，以使多个电子撞到屏幕2上面，这不正是前面的科学方法所要求的吗？对**单个**电子的**单次**测量并不能展现出“波动性”！

值得一提的是，时至今日，我们仍不知道是否存在别的什么因素导致了这些微观粒子形成干涉图样（量子力学著名的“非定域性”），我们仅仅是观察到了这一现象，并用量子力学的方程给出了恰当的描述。

换句话说，我们不能通过“因果律”来“回溯”导致此现象的原因（某种充盈宇宙的粒子或场？）。

我们有可能找到这个原因么？过去科学所取得的成功使得我们对未来充满希望，但真正的答案是：没有人知道！

最后，再次强调：我们获得的有关物质世界的信息（通过一致的测量得到的、不依赖于观察者的客观数据或客观事实）受限于我们的仪器能“看”多“远”。

通过改进或设计新的实验探测手段，我们可以看得更远，下可深入原子世界，上可直达宇宙彼端。这使得我们能够发现新的现象，或对已有的发现获得更深刻的认识（比如微观粒子的干涉图样）。

另外，由于探测仪器的能力和人的精力是有限的，我们在研究时只能专注于物质世界的一个（极小的）部分（比如在双缝实验中我们只关注撞击屏幕的电子，而不考虑电子与周围的光之间的相互作用），而这部分的物质实在往往很难从它所处的环境中分离出来。因此，我们从测量中得到的信息总是会有一定的不确定度。

换句话说，我们依靠实验的方法研究物质世界的时候，不可能得到“绝对精确”的结果，无论是对“经典”还是“量子”的现象都是如此。这就是测量过程的本质属性，适用于所有自然科学，无一例外。

【本章干货】

- □ 在有限时间内，仪器仅能观测物质世界很有限的**一小部分**。
- □ 测量**总是**伴随着误差。
- □ 对于某个现象的**一致**的测量可以得到不依赖于观察者的客观数据。
- □ **一致**指的是不同观察者测得的数据在他们各自的测量误差范围内相符。
- □ 若出现**不一致**的数据，则需要回头检查数据，或者再次测量，直到最终在误差范围内得到可复现的数据为止。

观察和实验

5

“对照实验表明，科学家们总是能‘友好地’讨论他们的实验结果。”

重复实验有助于得到客观数据，关于这点我想再啰嗦两句。

前面已提到过，为了探索我们身边的物质世界，需要用感官或仪器与之发生相互作用。因此，被研究的对象从来不是真正独立于观测的方式，而是会受到研究手段的影响。这里的研究手段除了仪器之外，还包括我们在进行实验测量时所处的环境。

举个例子，经典运动定律指出物体的加速度（速度随时间的变化率）与其受到的力成正比[1]。为了验证这条定律，我可以让一个球从高处自由坠落，记录它因地球引力下落所形成的运动轨迹。然而，在实际操作中，我无法完全消除空气的干扰。空气会对球施加一个阻力，它的大小与速度而不是加速度成正比。如果换成用羽毛来做这个实验，效果会更加明显，它会慢悠悠地飘向地面。

如果取一个和羽毛的质量相同的球，将两者同时从同一高度放开让它们自由坠落，牛顿第二定律预言它们将同时到达地面。但这显然与实际观察到的情况相矛盾。大家都知道，实际上球会先落地，而这时羽毛还继续飘在半空中！

1　即牛顿第二定律。——译者注

现在假设空气是这里的干扰因素，我可以设计一个实验来检验这一点。我可以把之前的实验放在一个密闭且抽真空的箱子里来做，并检验结果。如果箱子的密封性足够好，真空度足够高，那么里面就几乎没有空气了，此时应该（在测量误差范围内）观察到球和羽毛的确同时落地。

很容易看到，以上一系列操作构成了一个在实验室中进行的“受控实验”（或“对照实验”）。这时，与研究对象（球和羽毛）相互作用的环境（空气）得到了充分的控制。我的测量不仅考虑到了仪器（我的眼睛）的误差，同时也计入了环境对结果的影响。

然而，有些情况下很难进行这样的受控实验。比如在天文学中，很难单独地验证一个假说，或者消除环境的影响，有时候甚至想在相同条件下重复实验都做不到。这是因为天文学的研究对象相对于地球总是在运动着的。因此，初次实验时观察的某个天体，可能永远都不会回到同一个位置。

即便如此，当我们试图将一些看似毫无关联的现象简洁而有条理地整合在一起时，这些“一次性”的观察仍然能提供非常有帮助的事实依据。它们使我们能更好地解释这些现象，并最终形成所谓的“理论”。

我将在后面介绍理论的作用。在这之前，我们在下一章中先来讨论一个重要的概念，它使整个科学事业得以正常地进行。这个概念与科学家们如何看待和使用他人的研究成果有关。

【本章干货】

- □ 我们永远无法将待研究的现象与对它产生影响的物质环境彻底隔绝开来。
- □ 有些情况下很难进行对照试验。
- □ 这就是说，我们有时候没办法搞清楚环境对研究对象产生的影响。

科学中的信任

6

大家应该都听说过以下事实：太阳系有八大行星；真空中的光速大约为每秒300000千米，它与光源和观察者之间的相对运动速度无关；电离层（大气层的最外层）可以反射无线电波，地球上的人们因此才能远距离地通信；原子有分立的能级，等等。

我们怎么知道这些的？我本人从来没有做过任何实验来验证过这些说法，但是之前某个时候应该有人做过实验验证，并且应该还有人重复过这些实验。因此，上述说法可以称为客观数据或客观事实。

我们可能在教科书或报纸杂志上读到过这些说法，重要的是，我们**信任**这些论述的来源。这里用“信任”是非常恰当的，我们确实对科学家们以前做过（现在仍在做）的工作抱有信念，一旦他们公布的数据被认定为客观，即被其他人重复过之后，我们就不会产生怀疑。

这种**对人的信任**（与之相对的是对上帝的**超自然信仰**）是科学事业得以正常进行的重要前提，因为想要将有史以来与科学相关的

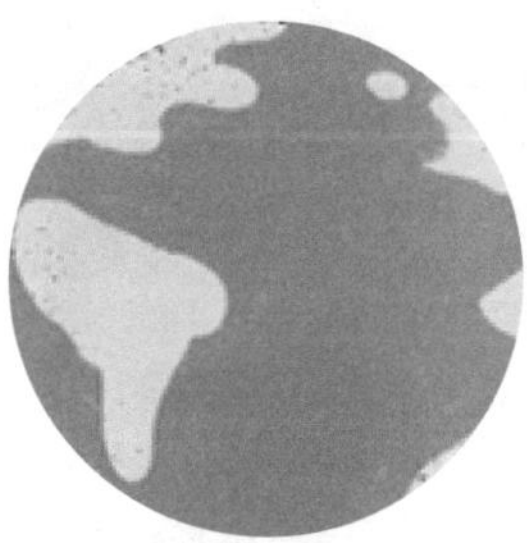

实验都重复一次是不现实的。

如果一个实验是可靠、准确且可重复的，那我们就直接采信它的结果，并把它集成到人类的集体智慧中去。

（在我本科的数学分析课上，老师讲过一个有关数学的类似的观点：没有人能把数学里所有的定理全部重新证明一遍，你只要知道至少有一个人证明过那个定理，就可以放心地使用了。我觉得这是句玩笑话，不过它至少能说明一些问题。）

当然，用精度更高的仪器重复某个实验的时候，可能会出现新的现象[1]。一旦这个新现象通过科学方法的检验被承认是客观的，我们就可以将它纳入集体智慧之中。只有**相信**它是可靠的，我们才能进一步探索其他事物。

然而我们却不必“相信”对客观数据的**解释**。

事实上，我必须强调（后面我也会详细解释）客观数据（事实）本身和我们对它们的**解释**是截然不同的。对客观数据的解释不必是客观的，它可以受到观察者的主观影响。对于同一组数据，科学家们可以用不同的方法来解读。

比如，地球对物体的吸引，这种“吸引”是肉眼可见的，无疑是一个客观事实。然而，我们通常会更进一步地把这种吸引作用解释为“万有引力”。尽管大家从小学开始就一直听到这个名词，但“万有引力”仅仅是对“物体被地球吸引

1 或者我们之前认为是客观的数据实际上有问题，因为之前的实验有误。

（宇宙中所有物体都互相吸引）”这个事实的一种**解释**。

为什么我要说它是一种“解释”？难道地球上或宇宙中的任何物体因为万有引力相互吸引不是“事实”吗？

这要看我们说的是哪个“事实”了。如果这里说的“事实”指的是物体之间相互吸引这件事，那没问题。这已经在形状、大小等各种性质不同的物体上反复验证过了。

然后我给这种“吸引”作用一个新名字，叫“万有引力”，大家应该都能理解我们说的是什么，这就没问题了。

但如果这个“事实”指的是这种吸引作用可由一个（数学上）明确定义的概念来描述，并把这个概念叫做“万有引力”，那么这就值得商榷了。

事实上，“万有引力”是一个矢量（类似于一个箭头，它的长短表示吸引作用的强度，它的指向表示吸引作用的方向），这个概念仅存在于经典牛顿力学中，经过适当的数学修正，也可以用于爱因斯坦的狭义相对论。

然而它终究只是对我们讨论的吸引作用的一个**数学描述**。因此这种表述是可以修改的，它也确实被修改过了。

比如在广义相对论中，物体之间的吸引作用不用名为“万有引力”的矢量来描述，而是被描述和解释为由质量引起的时空连续统弯曲。两个物体相互吸引，其实质是它们在受自身扰动而弯曲的时空连续统中以最短路径相对运动。

这个例子说明了我们观察到的**事实**（物体之间的吸引）和对观察结果的**描述**或**解释**（“矢量”或是“时空弯曲”）之间是有本质区别的[1]。

尽管有时候客观数据的获取方式会引起一些程序上的争论（比如某实验中测量了多少次，样本量是否足够大等），科学家们往往更关注对数据的解释，这常常会引起激烈讨论甚至重大的分歧。

最终还是只有实验才能平息所有的争议。这一点其实三言两语无法说清。后面的章节中我会用相当的篇幅来讲解什么是科学理论。

眼下，我们先来看看另外一个科学研究的界限。

1　有人可能会说“吸引”这个词本身也是一种描述呀，的确是这样。不过我们确实需要一些“基本语言”来交流和指明我们要研究的对象。这种“基本交流用语”往往不是本章或本书其他地方提到的“描述”性用语。

【本章干货】

- □ 如果其他科学家公布的实验数据是客观的，我们就应该信任它，并基于它来开展进一步的研究。
- □ 这是因为我们无法重复有史以来的所有实验。
- □ 这种对他人成果的“信任”与宗教中对上帝的信仰不同。
- □ 我们信任客观数据本身，并不意味着我们也要相信对数据的解释。
- □ 同一份数据可以有不同的解释。
- □ 因此，对客观事实的解释并不一定客观，可能会受到观察者主观的影响。

7

对自然现象近似且有限的描述

“我觉得你的理论可能‘走得太远’了。”

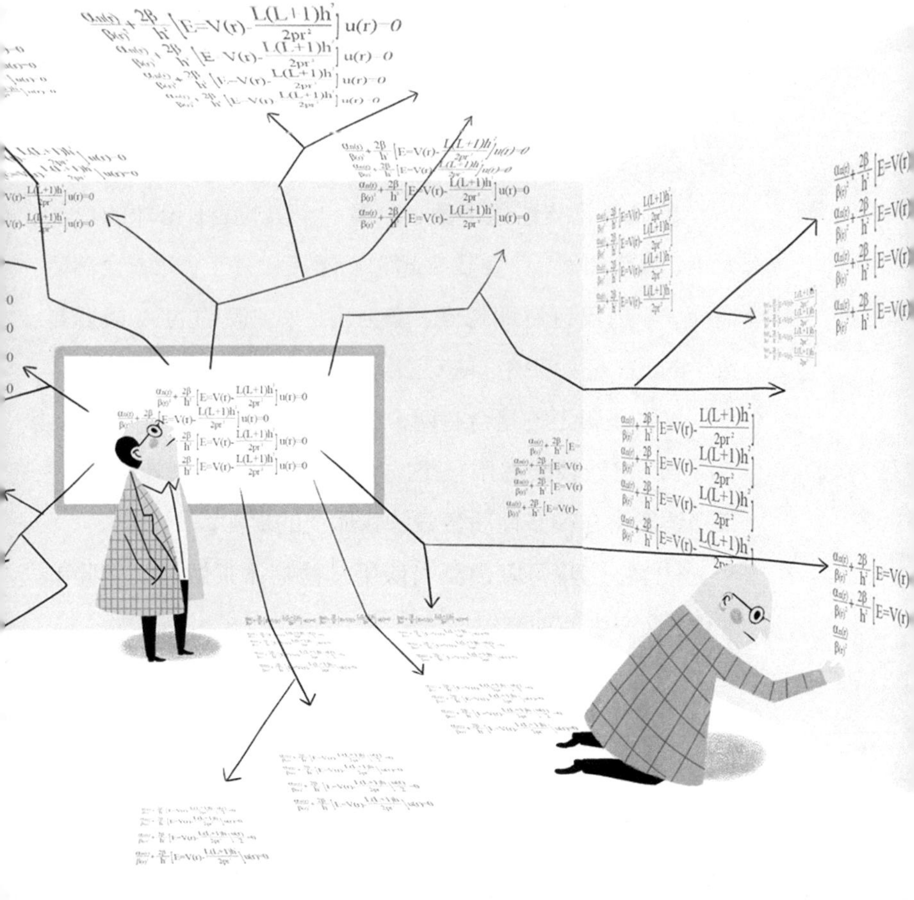

受客观条件和能力的限制，人类无法直接研究整个物质实在，因此每次实验只能涉及其中很小的一个部分。

我将这种限制称为“实验的局限性”，此外，我们需要讨论另一种限制，它与我们对观测的物质实在的描述有关，因此可称为“描述的局限性”。我举个例子来说明后者。

当我看到一个球落向地面的时候，根据经验，我知道这种现象不是那个球特有的。我曾经看到过（也亲身经历过）很多类似的事件，即当我把各种各样的物体举起来并松开手之后，它们会落回地面。

我试着总结这些现象，发现一个共性：不论球的形状、大小、颜色如何，只要我拿起它们然后松开手，球就会落回地面。于是我自然地想到，能否用一种“简约的”（最好是数学的）方式来归纳这些观察结果。

这种逻辑上的整合有两个好处：

（1）它让我能够用一个或少量的（最好是数学的）表述来描述发生在很多性质各异的物体上的事件；

（2）它让我可以预测当使用其他物体来做相同实验的时候，会产生何种结果。

这里我两次强调了“最好是数学的”，因为对于已知现象的描述和新现象的预测，**数学表述**比日常用语强大得多。（下一章我们即将看到，对新现象的预测是科学方法中不可或缺的一环。）

尽管如此，这种数学描述自身总是近似的，并且只能适用于特定类型的现象。因此，它具有**近似性**和**局限性**。

近似性 由于无法将待研究的现象与它周边的“环境”彻底隔离开来，我们对现象的描述总是**不全面**的。例如，当描述自由落体运动时，我们说具有相同质量的物体因地球的万有引力产生了相同的加速度。这里我们做了一个很强的近似：直接忽略掉了空气阻力对运动中物体的影响。

局限性 对某一类现象的描述，显然仅适用于这一类现象。比如我们还不能用描述量子现象的数学表述来概括所有尺度下的引力现象，尽管这个目标很美好，但是目前我们还做不到。

最后，为了完成“描述”和“预测”这两个任务，我需要更清楚地说明必须采取的步骤。这些步骤组成了完整的**科学理论**。

【本章干货】

- □ 我们对物质世界的探索受到一些限制。
- □ 首先，我们无法直接探究整个物质实在，因为仪器的能力有限。
- □ 即便是我们能够研究的那一小部分，也无法同它的环境完全隔绝开。
- □ 因此，对现象的描述总是**不全面**的。
- □ 此外我们的（数学）描述仅适用于特定的（有限的）类别的现象。
- □ 不同类别的现象需要不同的描述，这些描述往往不能交替使用。

8 假设和假说

『你还相信它是平的吗？』

我现在观察到一个现象，比如说物体被吸引向地面。我想研究它，应该怎么做呢？

首先，我要针对观察到的这个客观事实提出一个**假设**，或者一系列假设（即一个**假说**）。这个假说可以很简单，比如“地面与物体之间存在吸引”；也可以复杂一些：“宇宙中所有物体之间都存在一个吸引力。”大家应该还听过别的假说，像“生物起源于共同的祖先”[1]，“很久以前，宇宙由一个时空的奇点中诞生”[2]，等等。

假说不必包括精确的数学形式，也不必是对客观数据的详尽解读，只要它能够大致描述一个现象的来龙去脉就行了。比如“地面与物体之间存在吸引”这个假说就描述了一个事实，即离开地面到半空中的物体会自由下落。

换句话说，假说和我们的观察结果保持一致。

然而假说在客观上是正确的吗？或者说我们应该像相信客观事实那样相信假说吗？

请注意，与事实“一致”并不一定就是“客观”的[3]。我

1 进化论假说。——译者注

2 大爆炸假说。——译者注

3 如之前提到的，客观的意思是“不受观察者的主观影响”。然而假说是由观察者提出的，它与观察者的主观想法有关。针对同一事实，不同的观察者可以提出不同的假说。

可以轻松地想出一个或一系列新的假设来描述我观察到的同一个现象。

仍然考虑自由落体的例子，因为地球上空气无处不在，我可以假设是空气分子导致了物体受到指向地面的力。在没做额外的实验之前，我甚至还可以声称这个假设与所有已有的观察结果一致。这是因为无论何时只要我将物体提起并松开手，它总是无一例外地落向地面，而在这整个过程中，我都在呼吸，这就意味着整个实验中物体周围都有空气存在。

然而我可以通过在一个真空的房间里重复自由落体实验来**直接检验**这个假设，我会发现没有空气存在的情况下，半空中的物体也会向下坠落。

读者可能会觉得我上面提出的怪诞的引力假说很可笑，这是因为对这个例子而言，可以很容易地检验假说与观察结果是否一致。

但是让我们来看看大爆炸假说："很久以前，宇宙由一个时空的奇点中诞生。"我能**直接**检验它是否正确吗？当然不行啊！

没人能穿越回到时间的起点去观测这个事件，哪怕一次也不可能。因此，尽管这个假说与今天的某些观测结果一致（比如遍布宇宙的背景辐射），它也是在现代天文学中广泛应用的假说，但它是一个事实吗？**不是**。很多人希望大家相信这是一个事实，但很遗憾，它永远也不会成为事实。除非有人能发明时光机，并回到最开始去看看；或者设计一个对照试验，制造一个时空奇点，然后观察它的后续发展。

宇宙诞生这个事件自身远远超过了我们进行**直接检验**的能力，因此它**不是**一个事实。

那么，"生物起源于共同的祖先"这个假说呢？这也是现代生物学中广泛应用的一个假说，那么我们能否直接检验这个假说并断言它是一个事实呢？

根据科学方法的要求，我们仍然要回到这个事件发生的时间点（即初代的生物先祖刚开始转变成其他物种的时候），通过直接观察来验证。或者我们得设计对照实验，并真正观察到某个物种沿着进化史的轨迹转变为另一个物种。

请注意，虽然我们经常听说，单个物种表现出对新环境的适应性（有时称为"微进化"），但根据科学方法，这并不足以证明"**所有**物种起源于同一个祖先"。进化论假说与单一物种表现出适应性这个事实相一致，但是后者并不能直接证明前者是正确的。

所以尽管进化论假说试图为我们目前的观察结果提供一个简约而统一的描述，并已在生物学中得到了广泛应用，它仍然**不是**一个客观事实！

其他的科学假说也是如此，即便它们和描述的客观数据是一致的。

假设和假说不是客观数据或客观事实！

即使是大家都公认的最显然的假说也是如此。比方说“宇宙万物之间都通过万有引力互相吸引”，它能够（**非常好地**）描述海量的观测数据，因此可能是本章提到的所有假说中最符合事实的，但它本身仍然不是一个事实！

前面提到过，爱因斯坦的广义相对论中不存在“万有引力”的概念，物体之间通过时空的弯曲来发生“相互作用”。这里“相互作用”打了引号，因为在广义相对论中，物体之间的引力作用被**解释**为物体沿着弯曲的时空中的最短路径[1]运动。

换句话说，“力”或“相互作用”都只不过是我们用来描述观察结果的语言而已，我们把仪器探测到的现象解释为（叫做）“力”或“相互作用”，或者“时空的弯曲”。

未来如果有新的现象被发现，原有的解释可能就需要修改。也许需要提出新的假说，以使新数据可兼容于以往的数据。

比方说，当有一天我们能够用同一套数学结构同时描

1 即测地线，又称大地线或短程线，它是欧几里得几何学中的“直线”概念在一般弯曲空间中的推广。——译者注

述引力和量子力学的时候，我们可能就会舍弃“宇宙万物之间存在吸引力（或使时空发生扭曲）”的假说。取而代之的新假说应能够同时兼容现有的引力现象的解释和量子现象的几率解释[1]。

另一个例子是最近圈内圈外炒得沸沸扬扬的引力波的发现。人们**相信**这种波是两个黑洞碰撞的产物。碰撞可能造成了黑洞周围的连续时空发生畸变，随之产生的引力波，传播到地球并被某些实验室观测到。

上面这段话里哪些是事实，哪些仅仅是与事实一致的假说呢？

可以肯定的是，实验室的探测装置的确捕捉到了某种信号（如引力波经过造成光的干涉图样），而且这个信号的强度比其他因素的影响（比如背景噪声）都大得多。仪器探测到的就是事实，因此确确实实探测到了引力波。

研究者们重复进行实验，收集观测数据。当不同研究团队在互相比较实验结果后发现它们是一致的，就可以宣称实验结果是客观的。我们**相信**这些参与研究的科学家们在此过程中严格遵循了科学方法所要求的正确步骤。

那么引力波的**起源**是什么呢？它们真的来自数十亿光年外的两个黑洞的碰撞么？这是一个事实么？

不，这**不是**一个事实！

1　这里指马克斯·波恩（Max Born）对于量子力学的概率解释。——译者注尽管在新闻杂志上有很多报道将这个“黑洞”碰撞造成“引力波”的故事讲述得有声有色，但这只是人们的想象而已。

人类至今都还没有直接“看到”黑洞[1]，我们仅能从它们对周围天体施加的影响中推测出它们的存在。那么，那些“说书人”是怎么对黑洞了解得那么清楚透彻的？

黑洞碰撞只是个假说，它通过数学计算预言了一种现象，并与迄今为止地球上的仪器观察到的结果一致。因此，它目前是科学界普遍接受的主流假说，但这并不意味着它就是事实。

可能会有人提出完全不同的假说，也能与观测结果吻合（甚至也许已经有这样的假说了，只是不被“主流”观点认可而已）。即便如此，引力波的发现这个事实也不会受到丝毫影响，只不过它的起因需要归结于其他的来源。

换一个完全不同的科学领域，让我们想想恐龙的形象，也就是教科书或科普作品里描绘的有血有肉、颜色鲜明的样子。这些外貌特征，或者许多影视作品中“复现”的恐龙行动的样子、吼叫的声音，是客观的数据或事实么？

当然不是。这些生动的描述只不过是将根据化石做出

1 2019年4月，科学家们利用横跨全球的视界望远镜网络捕捉到了一张黑洞及其周边视界的照片，该黑洞位于M87星系的中心。这是人类第一次直接“看”到黑洞。（The Event Horizon Telescope Collaboration et al., 2019, *ApJL* 875, L1-L6, https://iopscience.iop.org/journal/2041-8205/page/Focus_on_EHT.）——译者注

的“有根据的猜测”具象于纸张（或荧幕）上罢了。化石是客观的事实，只要去趟博物馆就能看到。其他的都是人为创造的“附加产品”，目的是迎合人们的想象，过过眼瘾，仅此而已。

如何证明一头恐龙真的有像在电影《侏罗纪公园》里那样的皮肤、行动和吼叫呢？我们需要乘坐时光机返回恐龙生活的年代，真的亲眼看一看才行！

如果仅凭化石去推测一条活生生的恐龙是什么样子，我们就会偏离科学方法的大道，走进纯粹是臆想的领域。

最后强调一点，与实验结果一致仅仅是假设或假说成立的一个**必要**条件，而不是**充分**条件。为了说明这一点，我们需要了解一个完整的**科学理论**由哪些部分组成。

【本章干货】

- □ 假设和假说是我们对物质世界观测结果的**描述**（不一定以数学方式表达）。
- □ 假设和假说本质上**不是**客观数据或客观事实。
- □ 它们可能与所要描述的观测结果一**致**，也可能**不一致**。
- □ 要确定是否一致，需要通过实验**直接**观测，有时候这不是件容易的事。
- □ 特别是对于**过去**已发生的事件，相应的假说肯定是无法直接检验的，除非我们能回到过去，或者能在实验室里**重现**同一事件。

理　论

⑨

“这本杂志为我的理论提供了很棒的灵感！”

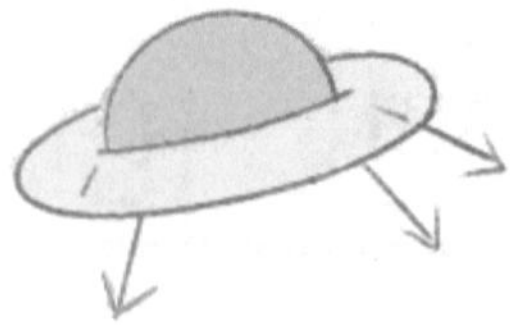

提出假设只是一个开始，接下来科学家们还有很多工作要做。前面提到，对同一项观测结果，我们可以提出很多不同的假设。有些假设可以通过直接测量轻松排除，判定它们与客观数据不一致。剩下少量的假设，一眼看去没什么问题，都和观测一致。这时候该如何挑选呢？

我们需要给出一套完备的论述来：(1)描述已有的测量结果，(2)预言新的可观测的现象。毫无疑问，这套论述需要建立在已有的假设之上。符合以上两个条件的论述，以及作为前提的假设，共同组成了一个所谓的**理论**[1]。

首先，需要注意的是，和假设一样，理论中的描述性语句不必是数学语言。其次考虑引力的例子，我的引力理论可简洁明了地表述为以下两点：

“任何物体与地面之间都存在着一种吸引作用”。(假设)

“每当我将一个物体提到半空然后放手，它都会落向地面”。(预测)

仅凭以上两点叙述已可满足我的目标：

(1)以一种简约的方式(仅含少量假设)描述迄今为止我对“从半空中释放的物体”的所有观察结果；

1　在某些文献中，比如物理学文献中，有时候用“模型”这个词来代替“理论”。两者在科学上的含义和作用是相当的，所以本书不做区分。

（2）预言当某人将我从来没想到过的另一个物体举至半空然后放开之后，该物体也总是会落下。

上面的第二点是极其重要的，如果这个预言可被其他观察者的独立实验验证，就可以将其他假说排除掉了（比如我在上一章中提出的有关空气的那一条）。

现在我想进一步了解，当一个物体从给定高度被释放之后，它经过多长时间到达地面。此时就需要另一个假设，即在排除其他可能干扰实验结果的环境因素（如空气或其他阻碍）之后，可以用一个矢量来描述前述的“吸引作用”，这个矢量称为“力”，它把物体拉向地面（矢量的方向），其大小与物体的加速度成正比（矢量的长度）。

这就是牛顿第二运动定律，这个数学描述使我们能对物体在引力作用下的运动做出准确的预测。这些预测不限于地球上的物体。例如，当把它用在行星上时（这里假定两个物体间的引力大小与其质量的乘积成正比，并与物体间的距离成反比），它能相当精确地描述太阳系中行星运行的轨道，它甚至预言了海王星的存在！

大家现在应该明白数学语言有多犀利了吧，它是描述一个理论的绝佳（且普适）的方式。数学语言让理论能够给出定量的预测，可以用实验来精确地验证。既然数学语言是通用而普适的，那么任何人只要愿意，都能来检验我的理论

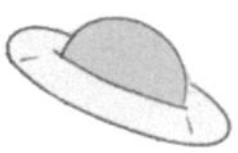

给出的预测结果。

如果仅用文字来叙述理论（比如“半空中的物体总是落向地面”），我们就不可能做出类似太阳系中存在另外一个行星这样的预测，以及无数其他重要的成果。

其次，理论建立在一组**有限**数量的假设之上。这些假设构成了理论的基础，也决定了理论的适用范围，即它能描述哪些现象，以及它能做出哪些预测。基于不同假设所提出的理论具有本质性的差异。关于这一点我们下一章再细说。

这里需要强调的是，“理论（或模型）建立在一组有限数量的假设之上”这个事实并非仅仅是纯粹“学术上”的抽象概念，它也关乎科学实践的成果。

举个例子，考虑量子论（如果研究相对论效应的话，则考虑量子场论）所使用的假设。因为本书不是专业教材，我就不在此一一列举这些假设了。大家只需要知道量子（场）论最开始是用来描述原子（亚原子）微粒[1]的相关现象的。

有人认为，既然所有物质都是由亚原子微粒构成的，我们应该能用量子论描述**所有**现象，包括生物学中与宏观生物相关的现象。比如，我应该能用量子力学描述两个或多个生物之间的互动以及它们与周围环境之间的相互作用。

这种“还原论”的观点受到不少物理学家的支持。然而，尽管这种观点“原则上”有些道理，却完全忽略了理论（上

1　亚原子微粒：比原子更小的微观粒子，比如电子、质子、中子等。——译者注

述例子中的量子力学)的**实用性**。

在本书后面的内容中，我将给出不同的实例来强调这点。在这里，让我们通过下面的推理过程来揭示理论的实用性是如何受到限制的。

对于一个病毒，我们能写出一个量子力学方程(薛定谔方程)来描述组成病毒的**所有**亚原子微粒吗？**原则上**是可以的(如果知道组成病毒是由哪些原子构成的)。那么，我们能写出一个量子力学方程来描述病毒入侵细胞并注入RNA的过程吗？是的，当然可以！**原则上**是写得出来的。

然而这个病毒-细胞相互作用的量子力学理论有什么实际的意义么？完全没有啊！

即便用当今最先进最快的超级计算机，也绝对不可能解出这个包含天文数字的粒子的方程。因此，尽管**原则上**我们能用量子力学描述病毒-细胞相互作用，这种做法也没有任何**实用**价值。

因此，我们发现量子力学除了受到其自身的(有限个)基本假设的**固有**约束之外，在处理某些原则上它应该能够胜任的问题时，在**实际**使用中也受到很大的限制。

请注意，我不是说所有生物学的问题都不能用量子力学来处理，事实上，有些特定现象必须使用量子力学才能给出定量的描述和预测，比如一些生物体中的某些分子在光或热驱动下发生的化学反应。

然而在这种情况下，我们会把（与整个生物体相比）极小的一部分生物体或某些分子单独划分出来，用量子力学来研究它们发生的反应。

我们绝对不会用量子力学直接研究整个生物体！

只要量子力学对那一小部分生物体的描述能够给出可检验的预测，那么这种划分就不会影响到科学方法的实用性。

上面这一点非常重要：我们可以随意选择对研究对象的任何一个部分（在上面的例子里是生物体的某些分子）进行描述，也可以随意选择要用什么理论方法来研究它。但只有当我们的描述给出可检验的预测时，它才是有意义的，因为它从物质世界中提取出了有效的信息；否则它（最多）只能算是一个假说。

以上讨论的实用性方面的限制适用于所有的理论（或模型），不仅限于量子力学。

再次考虑病毒攻击细胞这个例子。即使是用经典的牛顿力学来描述病毒、细胞和它们周边液体环境中的所有的粒子，也是不现实的。我们可以列出在病毒将RNA注入细胞核的时间尺度内，病毒–细胞相互作用所涉及的所有粒子的牛顿运动方程[1]，但却无法求解。原因很简单，我们没有那么多计算资源。

1 这个方法称为“经典分子动力学”，它在诸如化学和材料科学等多个领域取得了重大成就。当问题中涉及的粒子数目足够少的时候，就可以用计算机有效地求解牛顿运动方程。

即便计算资源足够，我们也应该扪心自问：为了更好地了解某个现象，我们需要从理论中获取哪些信息？换句话说，和一个简化的理论模型相比，比如把病毒和细胞作为一个仅用少量参数和方程的模型系统来处理，这个复杂的原子尺度的描述能给出什么额外的信息或预测呢？

研究者在最终决定选择什么理论（或模型）来描述一个现象时，要谨记理论必须给出可供验证的预测，这才是重点。

经过以上讨论，大家应该更加明白观察到的**现象**和**理论**描述之间的区别了。

总结一下，首先我们观察到了某些现象，比如物体从半空中自由下落，我们想要描述这个现象。至于怎么描述这个现象，那就是完全不同的另外一件事了！可以直接用大白话描述，可以用简单的牛顿力学的方程来描述，还可以用广义相对论中的非线性方程来描述，还可以……可用的候选理论太多了（并且会随着时间的推移继续增多），但是现象只有一个，它不会变。

新的理论描述会给出新的预测，通过设计新的实验来验证这些新预测，可能会发现新的现象（例如，广义相对论预言大质量物体会使光线偏折，这是之前牛顿力学完全无法描述的）。

在实验中观察到现象，给出理论描述，预言新的现象，在新的实验中验证预言并观察到新的现象……科学探索就是这样循环往复地进行下去。始于实验，终于实验。

【本章干货】

- □ 科学理论就是一套描述性陈述（不必是数学描述），它解释已有的观察结果，并预测新的现象。
- □ 使用数学语言表述的理论相比非数学表述的理论，具有更强的预测能力。
- □ 理论由一系列假设以符合逻辑的方式组合而成。
- □ 理论包含有限数目的假设，它们决定了理论能描述哪些现象，以及能预测哪些现象。
- □ 实际应用中也是这样，即便一个理论原则上能用于描述多种现象，如果不能给出预测，它就没有实用价值。
- □ 原因很简单，如果不能给出预测，理论就只不过是一些描述性的语句，其真伪无法用实验来检验。
- □ 科学事业从来（也应该）都是始于实验，而终于实验。

理论的角力

⑩

我已经解释过什么是科学理论了，也强调了理论不仅需要能**描述**某个现象，还要能够**预测**新的现象。预测不仅将一个假说从单纯的猜想提升为可检验的理论，还为辨别相互竞争的理论提供了必要的（可行的）检查手段。

假设我针对同一组观察结果，提出了两个不同的理论，它们分别建立在不同的假设基础之上。我们该采纳哪一个理论呢？

如果这两个理论描述的是相同的现象，并给出一样的预测，那就没有明确的标准可供区分，两个理论看起来在科学上都是可接受的。在这种情况下，**应该**选择哪一个理论呢？

我特别强调了“应该”，因为在这个时候，我们需要做一些额外的思考。

首先，如果这两个不同的选择给出一样的结果，我们会倾向于“更简单”的那个。对于科学理论来讲，就是倾向于选择包含的假设最少的那一个。

这个标准有时被称为“奥卡姆剃刀原理”[1]，它有一个明

1 奥卡姆剃刀（Occam's razor）原理的雏形是节约律（law of parsimony），最初的表述为“keep it simple”。14世纪的哲学家William of Occam并不是最早提出这个概念的人，但他第一个将此概念积极地用于逻辑学等领域，因此被后人冠名。参见https://www.merriam-webster.com/dictionary/Occam's%20razor。——译者注

显的优点：一个理论中包含的假设越多，随着时间的推移发现某一条假设与新的实验结果不一致的可能性就越大，显然假设越少这种可能性就越小。

其次，需要考虑科学以外的不利因素。科学研究毕竟是由人来完成的，不可避免地会受到人的错误与缺陷（比如傲慢与妒忌）的负面影响。近年来，科研活动往往耗资甚巨，从而放大了这些人性的缺陷，但在任何时候科学家之间的仇视和敌对从来都是出自于他们的傲慢与妒忌，不论过去还是现在[1]。

很不幸的是，对于同一现象存在对立的理论时，人们的选择有时候并不取决于理论在逻辑或数学上的简洁性，而是要看哪一个理论的支持者在科学界内更有影响力，更“权威”。这种事情对科学来说，常常有害无益。

当两个理论给出了至少一个甚至很多不同的预测时，事情就变得很简单了。只需设计实验验证，比较实验结果和理论的预测结果，二者一致的时候，对应的理论就可以宣告“胜利”。

这个例子再次显示了实验或观测在科学中的核心地位，（在不受人为干扰的情况下）我们可以说：

1 比较著名的例子有：牛顿与胡克（Hooke）关于颜色理论的争执，还有巴斯德（Pasteur）和普歇（Pouchet）关于无生源说（spontaneous generation）的争论。感兴趣的读者可以阅读P. Machamer和M. Pera的著作*Scientific Controversies: Philosophical and Historical Perspectives*(Oxford University Press, 2000)，在该书中记载了更多的事例。

科学不讲民主——事实胜于雄辩(大自然说了算)!

就算世界上几乎所有科学家都支持某个理论，而只有一个“无名小卒”坚持另一个理论，那也无所谓。只要实验证明后者是对的，那么无论科学家们有多么傲慢自矜，他们都必须在事实面前低头!

【本章干货】

- □ 当基于不同假设的两个科学理论给出相同的预测时，没有什么显而易见的标准能够评判它们的优劣。
- □ 这种情况下，我们倾向于选择假设最少的那个理论(奥卡姆剃刀原理)。
- □ 这是因为，理论中包含的假设越少，随时间推移发现某一条假设与新的实验结果不一致的可能性就越小。
- □ 对于两个对立的理论，尽管奥卡姆剃刀原理认为简单的那个更好，人们最终的选择却往往由人性因素决定，而与科学本身无关。
- □ 如果两个理论给出不同的预测，那么实验结果就是唯一的判定标准。

一个理论能从另一个理论中“推导”出来吗？

⑪

本章讲一个重要的概念，虽然看上去像在咬文嚼字，却能更好地阐述科学理论的实质。

我们经常能听到一种说法，可能在物理课上老师也讲过，当物体的运动速度远远小于光速时，可以从爱因斯坦的狭义相对论中“推导”出牛顿力学，作为后者的一个“极限”情况。

从计算或定量的角度来说，上述说法是正确的。比如我想确定一列火车相对于我的速度，“低速”极限下，我用牛顿力学计算得到的结果和狭义相对论方程所给出的结果实际是一样的。

这是因为光速（大约30万千米/秒）要比一般火车的行驶速度（即使是地球上最快的高速列车也不会比400千米/时快太多）大好几个数量级。因此从实用角度上看，火车的速度与光速之比可以认为是0。

那我们是否可以说在物体的运动速度远小于光速的时候，牛顿力学是狭义相对论的“极限情况”了呢？这要看如何定义“理论的极限”了。

对于上面的例子，我们需要先回想一下，狭义相对论包含了一个牛顿力学中**没有**的假设：光速是所有物体可能达到的速度上限，不管光源与观察者之间相对速度是多少，光速都是同一个常数[1]。这个关键的假设使得狭义相对论得以建立，并彻底抛弃了“以太”（假想中的一种充盈了宇宙空间的物质，作为光的传播介质）的概念。

因此，说一个理论（如牛顿力学）是另一个理论（如狭义相对论）的“极限情况”（或者前者从后者“推导”出来）并非完全正确。这是因为两个理论包含不同的假设，任何“趋近极限的过程”，都不能使原有的假设（比如狭义相对论的光速不变假设）凭空消失——有就是有，没有就是没有！

所有的科学理论都是如此。比如量子力学相比于牛顿力学多了很多额外的假设（或量子电动力学相比于经典电磁学）。类似地，广义相对论中包含了一个不属于狭义相对论的原理（等效原理，即引力场等价于一个做加速运动的参考系），等等。因此，后者不能说是前者的“极限情况”。

再次强调下，在特定的极限条件下（比如物体运动速度远小于光速），一个理论的计算结果在一定的误差范围内可能与另一个理论的结果一致，即使如此，只要这两个理论基于不同的假设，它们在**本质**上就是不同的。

1 “光速不变假设”，是狭义相对论的两大假设之一。——译者注

【本章干货】

- □ 不能认为一个科学理论是另一个理论的“极限情况”。
- □ 这是因为不同的理论总是基于不同的假设。
- □ “趋近极限的过程”不能消除任何一条假设——有就是有，假设不会在“极限情况”下消失。
- □ 即便如此，不同理论的计算或预测结果可能相同，这并不矛盾。
- □ 不同的理论本质上是不同的，但它们的计算结果在一定的误差范围内可以是相同的。

证明？证伪？什么意思？

12

“我觉得我们可以一边凉快去了。”

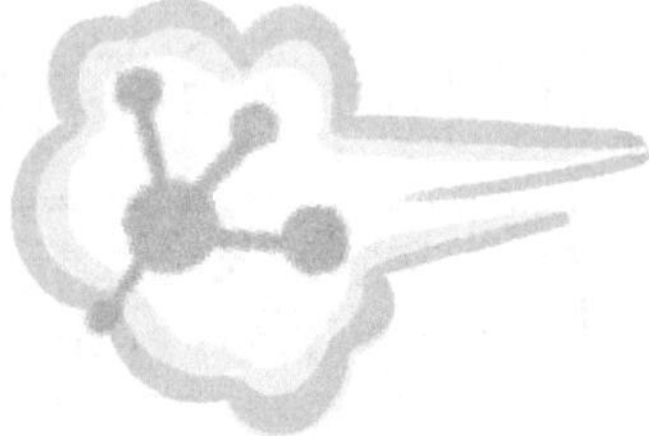

从一些实验证据出发，科学家们基于一些假设构建了一个理论（描述性的论述，最好是用上数学语言）。这个理论会做出一系列预言，从而使得它可以被……怎么样？

我们常常听到**证伪**一个理论这种说法，当代哲学家卡尔·波普[1]就是其中一个积极的倡导者。

可证伪性指的是一个被宣称为**科学**的理论必须给出至少一个能够用实验来检验的预测。如果这些预测中的某一个和实验结果不相符，这个理论就被证伪了。

那么理论预测和实验结果不相符究竟是什么意思呢？

让我们回头来看看利用牛顿力学预测并发现海王星的这个例子。这个例子是否意味着牛顿力学已经被实验观测**证实了**？

并不是。这个发现只能说明牛顿力学的假设以及它自身的表述在一定程度上与特定实验的观测结果一致。这使得我们可以用它来研究地球以外的现象，比如发现新的行星。换句话说，我们**拓展**了这个理论的**描述范围**，使它能够用于描述更多的现象了。任何被实验成功证实的预测都起到了相同作用：它拓展了理论描述的范围。

1 Karl Popper, *The Logic of Scientific Discovery* (Hutchinson Education Press, 1959)。

尽管在日常生活中大家都在随意地用“证明”这个词，但是一个科学理论本身是**不能**被严格“证明”的。不论有多少预测被实验证实，都不足以使一个理论上升为客观“事实”。

因此，即使理论给出的预测可以被实验**证实**，但是理论本身绝对无法被证明。换句话说：

理论**不是**客观数据或客观事实！

由上述讨论，我们可以将理论的作用总结如下：

理论

（1）描述特定的现象；

（2）能预测新的现象。

这里的描述不一定是数学语言，但是和平白的文字相比，数学描述确实能提供更为强大的预测能力。

理论的意义只在于描述自然界中的**特定**事件涉及的**特定**现象。这本质上就是我在本书前言中提到的，柏拉图所说的要“记录现象”。理论只需和它想要描述的特定现象保持一致，并能预测新的现象就足够了。

这样就够了。不需要对理论有任何别的要求了[1]。

1 这一点很重要，参看皮埃尔·杜亥姆的著作 *Essays in the History and Philosophy of Science* (Hackett Pub. Co., 1996)。

当我们说一个理论是“普适”的，其实是说它能解释某一类现象中的绝大部分（或是全部）。比如牛顿力学的设计初衷是为了描述与经典物体运动有关的所有现象，而不是用来描述量子现象的。

即便我们能够像希望的那样提出一个单一的理论可以同时解释自然界中（目前已知的）四种基本力（重力、电磁力、弱力和强力），这个理论也不可能是“万物理论”！它只能描述与四种基本力有关的特定现象（尽管这类现象的确数目庞大），还有很多与基本力并无直接关联的问题，需要由其他理论来解释。

比方说，量子力学的非定域性从何而来？时间和空间有没有可能是某种现象的附带效应？每当新的仪器被发明出来，我们的感知能力就得到了极大的增强，而类似的问题和新的现象会随之不断涌现。

再次回到海王星的例子，假设我们发现海王星的实际位置与理论预测并不严格一致，有一定的偏差。那么我们是否因为这点偏差，就说理论是错的？

不一定。可能有别的因素导致了结果的偏差。也许是因为在地球上观测海王星的实验操作存在瑕疵，或者计算中存在数值误差使其精度不够高，又或者有些其他效应还未纳入理论考虑的范围。对后面那种情况，我们需要扩展理论，以做出更准确的预测。

鉴于牛顿力学做出了很多卓越的预测，我们肯定不会因为这里的一点偏差就把它完全推翻，毕竟我们还是靠它发现了海王星不是嘛！

但是也不能因此说我们已经“证明”了这个理论，只能说在一定的误差（其原因尚不完全清楚）范围内，观测数据与理论预测是一致的。

最后，让我们想象一下最糟糕的情况：我们真的没有找到海王星，无论是在理论预测的位置，还是允许观测的其他任何地方，都找不到这颗行星。

也就是预测没有实现。这说明理论中有某个部分与实验数据“严重”不符。那我们该怎么办呢？这个理论就完全错了吗？

当然不是！这只能说明我们摸到了理论的边界——之前以为它可以描述某种现象，实际上却不行。

为了讲清楚这一点，考虑一下爱因斯坦依靠广义相对论在那个年代做出的惊人预测。他预言光经过质量极大的物体旁边时会明显地偏折。这个现象后来被观测证实，而牛顿力学却无法描述这一现象。科学家们却并未把牛顿力学丢进垃圾桶，因为除了像上述的极端情况之外，大部分时候牛顿力学还是有效的，我们只不过发现了它的一个界限而已。

类似地，人们已知光速是所有物质运动速度的上限，而在牛顿力学中则不考虑这个限制。

事实上，如果没有这样的限制，随意地使用牛顿力学，就会得到一些与事实相悖的结论，比如物体间超光速的信息传递。这种悖论可以由狭义相对论或广义相对论来解决，而这只是说明牛顿力学不能用于这样的情境中罢了。

当研究对象的速度远小于光速时，我们就可以放心地应用牛顿力学来描述现象和做出预言了。最终是由实验来告诉我们牛顿力学是否适用。若预言的结果与实验相符，就说明牛顿力学可以用在此处；反之，则说明我们发现的新现象超出了牛顿力学的适用范围。

总的来说，理论的预测并不是用来“证明”或“证伪”理论本身的，而是用来确定理论的适用范围以及用来判定对立的理论孰优孰劣。

【本章干货】

- □ 理论不是客观数据或客观事实。
- □ 理论只是用来描述现象，以及预测新现象的。
- □ 即使理论做出的某个预测未能实现（实验无法证实），也不能据此声明这个理论被“证伪”了。
- □ 这只能说明我们发现了理论的界限，也就是说，我原先以为这个理论能够描述某种现象，但实际上它不能。
- □ 理论的预测可以被实验证实，但是理论本身无法被“证明”。不论理论给出了多少“成功”的预测都不足以使它上升为“事实”。

不要自讨苦吃 ⑬

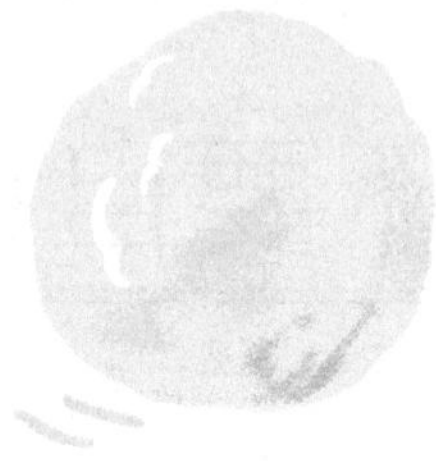

接着上一章的讨论，我们虽然可以用爱因斯坦的广义相对论来处理牛顿力学就能描述的现象，但为此耗费的脑力和计算资源可能会大得惊掉你的下巴。

牛顿方程比爱因斯坦方程容易得多。在处理日常生活中的现象时，相比于广义相对论，牛顿力学的理论框架可以给出更直观的解释。

这里奥卡姆剃刀原理再次大显神通。对于同一现象，当牛顿力学和广义相对论能够给出相同的结果时，我们选择前者，因为它包含的假设更少，描述更简洁。

为了以更令人信服的方式展现这个简单的“原理”的作用，先来看一个大家经常搞错的问题。注意不光是普通人，就连科学工作者也容易搞错。

我们常听到下面的说法：托勒密的地心说“明显”是错误的，它认为地球是静止的，而其他所有行星和太阳都围绕地球运转；而哥白尼的日心说是“正确”的，它认为太阳是固定不动的，而地球和其他所有行星绕着太阳运行。

实际上，地心说和日心说两者都既有对的地方，也有错的地方。这听上去可能让人很惊讶。

那么，为什么这两个理论会如此明显地相互矛盾？为什么大家更倾向于哥白尼的日心说呢？

首先，我相信大多数读者和我一样，都没有亲眼见过地球围绕太阳运转（如果不算科幻作品和纪录片的话）。事实上，大多数时候我们都站在地球上观察太阳和其他行星的运动，此时显然是以地球作为参考坐标系。

与此同时，想象（显然我们没法活着到达太阳表面！所以只能“想象”）我们坐在太阳上，以太阳作为参考系，计算所有行星的轨道。此时就能理解，为什么地心说和日心说都有问题了。

如果在地心说中把地球设为一个**绝对静止**的参考系（它相对于宇宙中其他所有物体来说都是静止的），而在日心说中把太阳当作一个绝对静止的参考系，那我们就犯了一个根本性的错误。

在物理学的描述体系中，只有在确定参考点的位置后，讨论物体的运动才有意义。也就是说在确定参考系之后，我们才能说一个物体相对于这个参考系，以一定的速度沿着某条轨迹运动。

单纯地说太阳系中的某一点或宇宙中某个物体是“绝对静止”的，没有任何意义。因为我们可以马上追问：它**相对于什么静止**呢[1]？

1 从宇宙飞船或人造卫星上拍摄到的地球、太阳，以及其他所有行星的运动都是相对于航天器自身的。

明确了这一点之后，我们就能理解为什么在实践中人们倾向于选择日心说。在描述太阳系中行星的运动时，日心说相对于地心说，能提供无与伦比的便利性。若以太阳为参考系时，行星的轨道是以太阳为中心的椭圆[1]，而以地球为参考系时，情况则复杂得多。

原因就是这样，没别的了。太阳参考系使我们能轻松地计算行星的轨道和运动规律，因此我们选择它而非地球参考系[2]。

假设现在你想描述的是银河系中所有恒星的运动。这时，如果选择太阳做参考系的原点，其他恒星的运行轨道就会显得非常复杂；而如果选择银河系中心作为参考系原点的话，事情就简单多了。类似的例子还有很多[3]。

为了进一步说明"简单性"原理，我们再举个完全不同的例子。考虑一个生物学问题：蚁群在寻找食物时的行为。这个例子也让我回想起先前第7章中提到的"描述的局限性"。

1 更准确地说，太阳不在椭圆轨道的中心，而是在其中一个焦点上。

2 事实上，我们在教科书或纪录片中常会看到描绘整个太阳系的图片，它们展现的景象通常是所有的行星都整齐有序地沿着各自的椭圆轨道绕着太阳公转。如果在太阳系外有一位假想的观察者，且他与太阳保持相对静止，那么他看到的可能就是上述那番景象。

3 比如从地球上观察到的恒星视差（在一年中不同的两天——通常相隔半年——分别测量恒星位置，以此确定的恒星相对于地球的移动）不仅是地球绕太阳运动的"直接证据"，它还展现了太阳、其他恒星以及地球以地球自身为参考系的相对运动。

如果你愿意承担蚂蚁入侵的风险，你甚至可以在家里进行如下实验；也许你和我一样，小时候和蚂蚁玩耍时就已经这么做过了。

不管是哪种情况，假设你想研究一个蚁群从蚁穴中出来之后，是怎么找到食物的。

你会注意到，小家伙们首先派出一些“侦察兵”在巢穴附近搜寻食物。一段时间过后，地上出现了一条黑线，那是蚂蚁们在巢穴与食物（比如地面上的面包屑）之间来回穿梭搬运。

按照前面的叙述，因为蚁群和它的环境（包括组成蚁巢的物质）都是由原子组成，当然可以用量子力学来研究这里的现象。

但是我会瞬间意识到这是不现实的（甚至有人会说是“疯狂的”）想法。

我的第二个选择是运用经典的牛顿力学来描述这里的现象。为此，需要忽略组成蚁群及其环境的所有原子的量子结构，并将这些原子当作经典粒子，用牛顿运动方程来处理[1]。然而很快我会发现，需要考虑的粒子数目还是太庞大了[2]，目前即使是地表最强的超级计算机也帮不上忙。

这个时候，我可能要从别的角度重新审视这个现象，然后提出一个简单且可操作的模型。

1 经典分子动力学，参见第9章的脚注。

2 对于宏观物体，需考虑的粒子数目以阿伏伽德罗（Avogadro）常数为计量基准。所包含的原子粗略估计，总数不会少于10^{23}个。——译者注我会假设（第一个假设）蚂蚁们用某种形式的共享记忆（外激素）来“交流”和“导航”[1]。这样蚁群就可以选定一条连接食物和巢穴的路径。

我还会假设（第二个假设）蚂蚁们以及周边环境的原子结构与蚁群的运动没有关系。

基于这两条假设，我就可以把每只蚂蚁简化为一个“无结构”的质点，同时用一个网络来表示蚂蚁可能选择的所有觅食路径。这样，蚂蚁的运动就可以用一个简单的（含有记忆的）运动方程来描述。

从实用性角度来说，以上描述比牛顿力学或量子力学可简单多了。它不需要考虑天文数字的原子，而只需求解一个很小的方程组即可。最重要的一点是，这个简单的理论可以给出预测，让我能够用实验来检验。

比方说，在那么多觅食路径里蚂蚁们会选择哪一条呢？通过使用上述简化模型，我可以预言：蚂蚁们会选择最短的路径。

设想如下情境：我们可以在蚁群原有的觅食路线中间某处放一个足够大的障碍物，使得蚂蚁们为了绕过障碍，只能在一长一短两条新路线中做出选择。

如果蚂蚁们没有放弃食物，就会开始同时探索两条新路线。经过足够长的时间之后，我们会观察到较短的路径上

1　基于记忆的运动方式是物理系统的一个典型特征。

出现了黑线，这就是蚁群的选择。

因此，我选择的理论模型是能预测出这个现象的所有理论模型中最简单的那一个。

不仅如此，我还可以评估我做出的那两个假设。其结论就是蚂蚁依靠共享记忆来交流这个假设和我预言并观察到的结果一致。

我还能把我的理论模型中的假设与借鉴了其他机制的假设加以区分。

比如可能有一个理论声称蚂蚁们借助某种特殊的光学手段，能够直接从它们的巢穴中看到外面的食物。也就是说蚁群对周围环境有一个全方位的整体感知，它们能够利用某种“蚂蚁望远镜”越过视线中的障碍物，看到更远的地方。在这种情况下，蚁群就不见得会选择最短的觅食路径了。

因此，如果有一个研究人员基于迥然不同的假设，提出了不同的理论描述，那么至少他的模型做出的预测需要与已观察到的现象一致才行。

这个例子表明，尽管我极大地简化了对于“蚂蚁觅食问题”的理论描述，这个简化的理论仍然能描述我们看到的现象，并预测与之相关的新现象。量子力学或牛顿

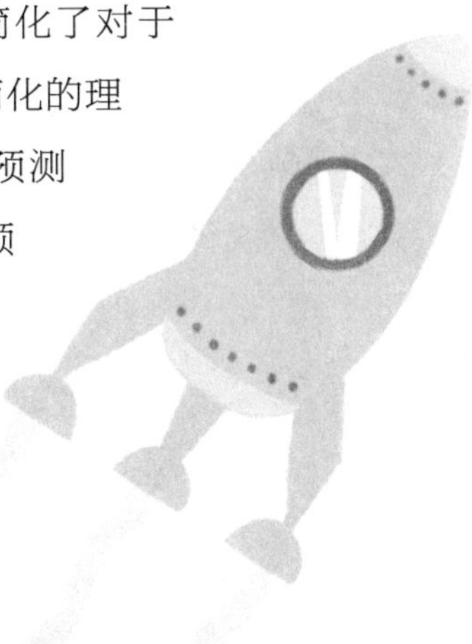

力学的描述虽然可能更准确(更“基本”？)，但是完全不实用；而简化的理论则达成了我们的目标——从自然界中提取出有用的信息。

总之，我们从一些相互竞争且都合理的理论中选取一个来对我们感兴趣的现象进行测量(或者做相关的计算)并做出预测，依照的标准并非哪一个更正确，而是哪一个更简单。

你应该也是这么想的吧，除非你是个受虐狂！

【本章干货】

- □ 不可低估理论的实用性，因为大家都希望“让日子好过些”。
- □ 因此在保证有效性的前提下，我们会选择最简单的理论来预测新现象和构想新的测量。
- □ 如果一个理论不能做出定量的预测以供检验，就别说什么“更精确”“更本质”。

科学“共识”？那是什么？

⑭

我们时常听说，科学界(的某一部分人)对一个理论或一类现象的解释达成了某种“共识”。比如在物理学领域，大家都一致认为量子力学是描述和预测原子或亚原子现象的最佳理论。

这是否说明量子力学是“真实的”或“正确的”？我们还需要寻找别的理论吗？

联想起本书之前的阐述，我们可以肯定地说，量子力学是**目前**对一类**特定**现象的最佳描述。然而，大家又会很自然地想到，未来某个更好的理论可能会取代量子力学。这个新的理论不仅能很好地描述已有的观察结果，还能预言现有的量子力学理论无法描述的新现象。

毕竟科学就是这样发展起来的。比如某天发现了一种量子力学预料之外的新现象，它也完全无法描述，这将促使我们修改科学的“范式”（这个名称来自托马斯·库恩）[1]。为此，量子力学需要建筑在新的基石上，也就是说，我们需要增加或修改它的某些假设。

即使是在这种情况下，我们也不会把量子力学丢进垃圾桶，而是继续用它来处理适用的问题。只需注意不要超出

1 Thomas Kuhn, *The Structure of Scientific Revolutions* (University of Chicago Press, 1962)。

它的应用范围，就像我们不会用牛顿力学来描述如大质量物体使光线偏折这类现象。

你可能会觉得，科学界肯定会张开双臂热情拥抱这种科学范式的更迭吧。想多了！

尽管科学家这个群体拥有开放包容的好名声，但实际上他们中的很多人都非常抗拒改变。这既有好处，也有坏处。

好处是，为了抵制一个新理论，科学工作者们会反复仔细地检验它，许多与客观事实不符的观点或方案因此被“筛除”。

而坏处是，有时候科学发展可能会因这种与科学无关的因素而长期龟速前进甚至原地踏步。当一小撮（很有影响力的）科学家鼓吹他们的观点，并聚集起来形成一个“圈子”的时候，这种恶劣的影响尤其明显。他们会打击异己，把不同的观点和理论排挤到边缘，甚至诋毁竞争者。这会带来极为严重的后果，后来者即便有创新的想法和建议，也会因难以融入某个研究领域的主流而无法表达出来。

我个人的感觉是，近年来由于科学工作者承受了越来越大的经济压力，这种情况变得更加严重了。还未取得终身职位的青年研究者应该对此更有体会。

研究机构在授予终身职位[1]时往往会考量应聘者从资助单位获取经费的能力、在“高影响因子”的期刊上发表学术

1　终身学术职位的意思是占据该职位的研究者不会因为他所支持的观点被解雇。显然，这并不意味着研究者即使违反了法律也不会被开除。

论文的能力，以及同行们的认可度等。这就迫使青年研究者不得不老老实实地在“主流观点”的范围内开展研究（或者追逐时下的研究“热点”），以免给他们的晋升造成麻烦。

在这种情况下，虽然符合客观事实的新思想最终还是能够走到台前，但是它会遭遇额外的障碍，需要想尽办法来冲破这层阻挠。

这种“科学的游击战”并非新闻，很久以前就有这样的例子。玻尔兹曼[1]的气体动力学理论假设了有称作原子和分子的微观粒子存在。这个划时代的新思想在当时遭到了其他研究者（主要是物理学家）的激烈排斥。尽管后来这个理论得到了继续发展，但直到几项实验给出了与理论预测一致的结果，这个理论才被物理学界广泛“认可”。

类似的例子还有很多，参考第10章的脚注。这种排斥异己的行为已经融入了科学殿堂的每一块砖瓦之中。科学是一项人类事业，它不可避免地受到人性弱点的侵蚀。

幸运的是，最终即便再微弱的声音也无法被永远遮住，它终会冲破封锁，使科学向前发展。这是因为客观实在不依赖人的意志而存在，它是科学事业的终极裁判。

以上想法用一句话来总结就是：

在科学中没有什么是一成不变的！

1 路德维希·玻耳兹曼（Lugwig Boltzmann），1844—1906，奥地利物理学家。——译者注

这句话中蕴含的真理，我们应该铭记在心。科学的“共识”并不意味着某个领域中一切都“确定”了，这样的“确定”本质上与科学相悖。

每当“科学共识”的旗号开始张扬的时候，大家就要提高警惕了，那是某些与科学无关的“力量”在蠢蠢欲动。

【本章干货】

- □ 当我们谈及对客观数据的**解释**时，不存在什么科学的“共识”。
- □ 客观数据和客观事实可以经受住时间的考验，有关它们的解释却总是在更新。
- □ 因此，在科学中**没有什么**是一成不变的。
- □ 如果一些人声称他们在某些数据的解释上达成了“共识”，那必然是某种非科学的“力量”在作怪。
- □ 这种“共识”可能会在不知不觉中阻碍科学的发展。
- □ 最终新的科学成果还是会打破枷锁，被人们接受，因为物质世界中的客观事实是检验科学理论的唯一标准。

科学方法的流程图

⑮

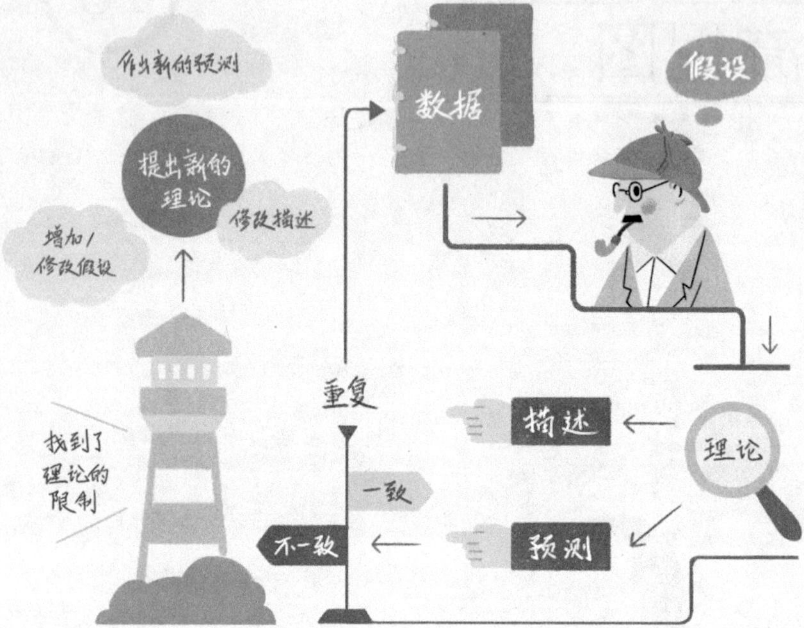
作出新的预测
数据
假设
提出新的理论
修改描述
增加/修改假设
重复
描述
理论
找到了理论的限制
一致
不一致
预测

"是什么"和"为什么"的问题

⑯

"我喜欢挑战我答不上来的难题，
这让我觉得自己比实际上更聪明。"

在前面的内容中，我们已经完成了对科学方法的讨论。我为大家展示了科学研究的对象和探索的界限，相信你们对科学能够解决和不能解决的问题都已了然于心。

为了加深印象，在本书最后的章节中，我要讨论几个问题。科学家们时常会被问到这些问题，有时它们还被（错误地）归到自然科学的范畴。其中一些虽然包含了科学术语，但实际内容却与科学探索没有半点关系。这类问题往往是：

“什么是引力？什么是力？什么是粒子？”

就像我已经提到过的，这些问题**不属于**也**不应该**属于自然科学的范畴。这些问题的主体无法用我们的感官或感官的延伸探查到，因此，这些问题超出了科学方法的能力所及。

毫无疑问，这些问题是值得探讨的，但它们关注的是研究对象的本体论[1]，即研究对象的存在和存在的本质。这是哲学研究的内容，它们在本质上与科学无关。

换句话说，尽管上述问题和许多类似的表述借用了科学中的一些术语和概念，因而可能是符合逻辑的、可供哲学

1　本体论（ontology）是形而上学（metaphysics）的分支，主要关注存在的本质。——译者注

研究的素材，但是它们无法用科学的方法来检验。

比如我可以说，既然宇宙中所有物体都有相互吸引的（称为“引力”的）共性，且它与物体的质量或其他任何性质（哲学家们称之为“偶性”）无关，那么引力的**本质**（根本性要素）就是相互吸引。没有相互吸引这个本质特性，引力就不是引力了。

当然，这个说法在哲学上是可以争论的。但重要的是，毫无疑问它**不**是一个合格的科学表述，因为无法用实验来检验它！

我们能用仪器精确地测量“引力”的大小和方向，正是因为仪器可以和被测物体的某种属性（质量）发生相互作用，但是该怎么用实验来测量一个实体的**本质**？

类似地，我们可以用时钟来测量“时间”这个物理量，但是有什么装置能测量时间的**本质**吗？

我可以继续用任何我能想到的物体或现象来作为例子。虽然我可以用实验手段来探知物质世界，但是无法依靠实验来理解它的存在和本质。因此，请不要用科学来处理这种“是什么”的问题。

然而麻烦并非到此为止，还有另一类科学家们时常被问到的、科学无法处理的问题是：

“为什么有引力？为什么我们观察到的是宇宙，而不是

别的东西？为什么会有动物和人类存在？它们是某个智慧体（上帝）设计出来的吗？”

像这类“为什么”的问题指向对象的“目的”和“动机”，科学方法同样无法处理。

需要注意的是，科学中也有“为什么”的问题，比如生物学家想知道某种动物“为什么”会进化出特定形貌的肢体，或者“为什么”某种动物会成群结队地捕食，而另一种则不会。这些问题和上面的“为什么”不同，科学方法能够解答，因为它们指向的原因最终都和生物个体和种群的延续相关。

例如人类用牙齿咀嚼食物是为了更好地消化，从而使食物中的营养更容易被人体吸收，最终让我们的身体得以存活。我可以说身体的存活与营养的正常供给是密切相关的，并假设咀嚼食物能帮助营养的吸收。

所以“为什么我们长牙？”这个问题可以等价转化为“牙齿的功能是什么？”，后者我完全能够回答。首先提出和上面一样的假设，然后做出预测（如果没有牙齿，就要用别的工具把食物弄碎，否则食物无法下咽），然后做实验验证之类的。

相反，对于“我们究竟为什么要活下去？”这种问题，科学就无能为力了。因为即便你回答“为了延续种群”，对方也可以继续追问“那为什么人类要延续种群呢？”我们延续种群的**终极目的**是什么？

我们能否设计一个实验来研究这个问题？答案是不能！我们没办法用任何实验手段来测量我们或地球上任何生物想要活下去的原因。

这种问题最好交给目的论来回答，这个哲学分支研究的就是现象的终极目的。事实上它往往会将自然界的有序现象归因于上帝的存在。

不管怎么说，科学方法是没法回答“为什么”这类问题的，因为它们不可能被实验检验。比如，物理学家无法回答“为什么宇宙中恰好存在引力而不是什么别的？”这类问题，纯粹是因为我们不了解，也无法探查到其他可能，比如一个“没有引力”的宇宙。我们能在某次实验中把整个宇宙的引力都消弭掉吗？当然不能。

同样，将宇宙的“有序”作为一个造物主存在的强力“证据”，可能是符合宗教（或哲学）的论述，但它不科学！

在科学意义上“有序”这个词常用于多种情况，比如它被用来区分固体（“物质的有序状态”）和液体或气体（“物质的无序状态”）。

那么是不是宇宙中的某些物质是“有序”的（如固体），而某些是“无序”的呢？宇宙的哪些部分是有序的？这样的话，观察到宇宙的“有序”是什么意思？我们如何量化整个宇宙的有序度？最重要的是，从这种有序中我们能做出什么可用实验检验的预测呢？

有关“造物主”还有另一种流行的观点，认为物理学中的“基本”常数太“人为”（神为）了，比如精细结构常数、电子的电荷量，以及原子核力的强度等，这些常数都是“造物主”“精心调校”好的。我们先不谈造物主是否存在，物理常数是否经过了“调校”这个问题就已经超出了实验的范围。

事实上，诸如“假设我们把某些‘基本’或普适的物理常数改变一点点，会发生什么？”这类思想实验，无法经受科学检验。我们没法做相应的实验来观察结果。

我们最多只能做一点“有根据的猜测”，比如设想真空中的光速不是现在那么大，那么我们就可以畅想超光速传递信息的世界的“模样”（科幻小说和电影的创作者们总干这种事）。

然而在现实中，我们不可能改变真空中的光速[1]，或者任何其他基本常数。我们甚至都没法想象怎样才能改变哪怕一个基本常数而保持其余的不变，以及如何用实验来检验这个变化。

总之，科学的“理解”和哲学或宗教的“理解”不一样。在科学中我们描述不同物体之间以及物体与观察者之间的

1　注意到我特别强调了“真空中”，因为光在其他介质中传播时速度确实会改变。只有真空中的光速才是一个“基本常数”，并与观察者和光源之间的相对速度无关。

关系。我们无法理解它们**为什么**存在，或者它们的终极目的**是什么**。

【本章干货】

- □ 关于物质实在，科学不能探究它的存在和本质的相关问题（“是什么”的问题），也不能指出它的终极目标（“为什么”的问题）。
- □ “是什么”的问题属于本体论的范畴，而“为什么”的问题属于目的论的范畴。
- □ 因此，这些问题应该由哲学或宗教等其他知识来源来回答。
- □ 我们想不到任何实验可以对上述问题做出验证。
- □ 想用科学来解决这些问题，必定会得到不合逻辑、完全错误的结论。

“科学主义”：对科学方法的滥用

⑰

『这个观点没能见到太阳。』

回顾一下本书开头我引用的一句话，“科学是我们认识真理的唯一方式”。我已证明了这句话是不合逻辑的。

尽管这句话是自相矛盾的，它却频频出现在各种讨论中。比如某些人通过使用“科学论据”来达到其个人目的，或是支持某些宗教或哲学的观点，一些科学家也时常提起这句话，这很令人担忧。

这些科学论据不但没有促成诚实且和谐的对话，还使得人们各自站队，从而激化了矛盾。

比如我们常常听到这种说法，“如果你不相信……的话，要么你就疯了，要么你就傻了。”（请填入你最喜欢的科学概念。）这个说法有两个主要问题。

第一，这是一种人身攻击，其焦点已经从相关科学主题偏移到了参加讨论的某些人身上。

第二，他们用了“相信”这个词，这就像是在讨论什么“神圣”或者“显然”的真理一样。严谨的科学讨论中不会也不应该出现这种说法。

这种说法实际上是对科学方法的滥用。之前讲到过，科学中不存在什么“显然的真理”。只有被我们的感官和仪器观察到的才是客观**事实**。不管科学家们达成的“共识”有多么权威，都无法改变这一点，也“解决”不了任何科学争议！

另外，“科学是我们认识真理的唯一方式”这个“原理”也被用于论证“宇宙的起源”。

比如一些科学家推测宇宙可能来源于真空中的（量子）涨落，他们因此否定了造物主的存在，因为一次量子涨落就可以“无中生有，创造万物”。

大家应该很容易就能看出，这种说法也是对科学的歪曲，因为它将科学的观点和哲学 / 逻辑学的观点混为一谈。

首先，我们注意到量子涨落是量子场论中的概念，它描述的是某个**时刻**发生在**空间**中某一点处的事件。在一段极短的时间内，该事件牵涉到一对共轭的**粒子**，比如说一个电子和一个正电子。因此，量子涨落发生的前提是已有“一些东西”**存在**，即时间、空间、物质和电荷等。

另一方面，就像前面提到过的，哲学和宗教中的“无中生有”指的是从真正的虚无（什么东西都不存在）中创造所有东西，**包括**时间、空间和物质！也就是说哲学和宗教所说的“真空”就是真的什么都没有，连时间和空间都不存在。但是在科学上，我们必须预设时空是存在的，这是我们描述任何客观现象的基础。

不管时间和空间是否有限，都是这样。即使宇宙真的是无穷且一直都存在着的，我们还是可以问一句，它从哪里来？时间、空间、物质这些实在是如何产生的？

宇宙从无到有的诞生这个事件无法用实验探测，因此超出了科学的范围。你可以选择是否要相信它，但这时的选择仅与宗教信仰有关，而与科学无关。

最后，如果有人认为所有的科学论述都包含了真理的话，他就会错误地把纯粹的假说提升为“理论”，甚至“事实”。

典型的例子是一个有关“平行宇宙”（多重宇宙）的“假说”，它宣称在我们生活的宇宙之外，还有很多（无穷的？）“宇宙”。

尽管很多杂志和新闻将“多重宇宙”“平行宇宙”描绘得令人神往，但它充其量就是个“假说”罢了，由于它不能给出任何可供实验检验的预测，因此，它仍然处于科学探究的界限之外。

如果存在着平行宇宙，但我们却无法与之交流，那如何测量它们的物理性质呢？如果平行宇宙与我们之间存在着某种联系，使得原则上我们能向平行宇宙发送信号，那这不就是一个单一的、独一无二的宇宙吗？这样的话，问题就变成了“我们如何测量到宇宙中这些不同‘部分’的物理实在？”

我并不只是要指责那些滥用科学以宣传某种世界观的

人。实际上，对科学方法的曲解和滥用可能会得到与事实相反的结论。

比如，让我们再一次考虑“造物主”那个例子——宇宙的“有序”被断言是“造物主”存在的证明。这种说法在宗教或哲学中显得相当自然，但不具有科学意义。

如果要用科学方法来处理这个问题，应该怎么做呢？首先要给出“有序”的定义，最好用数学语言来对“有序”相关的现象做出客观描述，最后给出可供检验的预测。

即使这些都能做到，我们还是没有回答是什么给这个物质世界带来了“有序性”，或者说谁从无到有地创造了世界。我们能用哲学、逻辑学或者宗教的论述来回答，但就是给不出科学的（实证的）答案。

类似地，我们也听到有人说大爆炸的“发生”直接“证明”了世界是被创造出来的。

就像我之前已经讨论过的：

（1）人们没有直接观测到大爆炸的实际发生，它只是一个与某些观测数据一致的假说，而不是事实。

（2）即使大爆炸这个事件确实发生了，我们也很难在科学上，从“对宇宙最初状态的描述”跳跃到“宇宙被从无到有地创造出来”，前者指的是时空的奇点，而后者则是时间、空间、物质等的创生，它们有着天壤之别。没有任何科学论据能够将这两者联系起来。

最后来看一个类似的说法：自然界的“复杂性”表明存在一个“造物主”。跟之前针对“有序性”的讨论一样，这里的“复杂性”（需要有精确的数学描述，并能给出实验可检验的预测）不能作为一个宗教观点的“科学论据”。就算这两者之间存在逻辑关系，但它也不属于科学的范畴。

物理学中的“复杂性”通常指一个物理体系包含多个部分（“自由度”）。由于体系的各部分存在相互作用，导致了某些现象的发生，这些现象无法用各个部分物理性质的直接加和来解释。简单地讲，一个“复杂”系统意味着“$1+1>2$”。

以上论述都在科学方法的范围内，我当然能够（用数学语言）描述这些复杂系统，预测它们的性质，并用实验检验。

既然在科学的范围内我只有实验这个检验手段，我又怎么能够从“对复杂物理系统的描述”跳跃到“是谁或什么

创造了这些系统”呢？还是让哲学和宗教来回答这些问题吧，科学对此无能为力。

到此，我希望已清楚表达了我的观点。对科学方法的滥用也就是用科学来处理实验上无法观测的问题（我把这种行为叫做“科学主义”），会得到**不科学**的结论。

这并不是说那些结论就一定不合逻辑（或是非理性的），或者没有可靠的论据支持。实际上，它们完全可能在哲学或宗教里占有一席之地。但在科学中它们绝对无法立足。

【本章干货】

- □ 科学主义是指曲解和滥用科学方法来处理实验无法操作的问题，达到与科学无关的目的。
- □ 科学主义常被用来获得与宗教论述截然相反的结论。
- □ 这对于我们的逻辑推理能力危害甚大。
- □ 科学主义不承认科学之外的其他获取知识的方式，并且常常会加以嘲笑和诋毁。
- □ 科学主义本身就是一种恶劣的"宗教"，无论是科学爱好者还是科学工作者都应该坚决地抵制它。
- □ 科学不需要这种"宗教"，我们要时刻提高警惕并防止它作乱。

最后说两句

⑱

我先回顾一下本书的主要内容，然后再提出一些问题，抛砖引玉，希望大家能有更深入的思考。

自然科学**唯一**的研究对象是**独一无二**的客观世界（客观实在），人们依靠感官和感官的延伸（实验仪器）来探索这个世界。这个实在的存在是科学研究的前提，是一种逻辑必然——并且你无法用实验来验证这个说法。

科学家必须在这一点上达成共识，承认这个独一无二的实在，否则他们所作的一切工作都没有意义了。试想两位研究人员对同一现象进行**相同的**实验，却得到了**不同的**结果，如果他们的解释是他们各自生活在不同的世界里……那就不可能对被研究的现象给出任何有意义的结论。

对于物质实在，科学所能提供的**唯一的**知识，就是对观察者在实验中探测到的、不同物体之间的相互作用的**描述**。

科学**不能也不应该**回答两类问题，即客观实在的本质**是什么**（本体论问题），以及这样的实在**为什么**会存在（目的论问题）。这些问题应该由哲学或宗教来做出合理的解答，它们与科学无关。

科学的**描述**是对一类（并非所有）特定观测数据（客观事实）或现象的整合，把它和必要的**假设**（前提条件的表述）结合起来，就建立了**理论**。

理论不仅要能够描述已有现象，还需要能够**预测**新的现象。这样的理论才有科学价值，否则它们就至多算是假说，甚至只是空想。

理论和它所包含的大多数假设一样，都**不是事实**！随着新现象的发现，理论也会不断地被修改或替换。

以上这些就是科学的目标与界限。就是这样！

任何对科学方法的曲解和滥用，比如将科学观点用于非实证的情境中，探讨"造物主"是否存在之类的，都不是也不应该是科学研究的内容。

最近有人提议修改科学方法，以容纳某些无法给出实验预测的理论[1]。这可以认为是另一种对科学方法的滥用。

针对这个提议，我们只需要问一个问题来回应：如果没有对应的**物质实在**可供比较，那么如何**客观地**评价这些理论呢？

确实，尽管我们可能对验证预测的时限有争议（我马上就要这么做），这种验证的**必要性**却是毋庸置疑的。

这就像两个棋手在争吵棋局的目标是否是将死对方的国王。他们可能会争论游戏的时长是否合理，却不会对游戏

1 参考这本书：Richard Dawid, *String Theory and the Scientific Method* (Cambridge University Press, 2013)。

胜利的目标提出质疑。

关于验证理论预测的时限，有一个尚未解决的问题：某些理论给出的预测，在研究者一生甚至几代人的时间里都无法得到验证，这时候该怎么办？

比如我们知道，科学家们最近观察到了与“引力波”一致的结果。也就是说，“引力波”存在的预言直到这个观点发表了近100年后才得以证实。如果我们是跟爱因斯坦同时代的人，可能会觉得这个预测太超前了，几乎不可能验证。然而我们还是做到了。

很多理论预测的都是高能领域或极小尺度的现象，目前的仪器无法处理，也很难想象在几十年或一个世纪内我们就能把仪器改进到那么先进的水平，那么这些预测究竟是不是有效的呢？

根据科学方法论，这些预测是有效的，不过有一个前提。如果这些预测是基于一系列假设的逻辑推论，并且这些假设能够描述已经观测到的某些现象，那么这些预测就是有效的。

仍然考虑引力波的预测。爱因斯坦的广义相对论在预测引力波之前，已经能准确地描述水星在近日点的反常进动，广义相对论的其他一些预言，比如光经过大质量天体时发生偏折、引力红移，以及引力波等，后来都逐个被实验证实了。

不管怎么说，广义相对论能够描述已经观测到的一类现象，对它的预测的检验就只是时间问题了。随着时间的推移，我们会逐个检验它的预测是否符合实验结果（如果符合，该理论的适用范围就被拓展了；如果不符，说明发现了该理论的一个边界）。

真正的问题是，有人在未经实验证实之前，就把一个理论上升到“被广泛认可的理论”，甚至是“事实”的高度。

理论是否被科学界“认可”无关紧要，因为它真正的价值是由大自然来做出最终判定的。

无论如何都不能将用来描述事实的理论本身当成“事实”。

我还想谈谈另一个问题。在某些自然科学领域，尤其是物理学中，部分理论工作者喜欢炫耀复杂的数学表述和理论的“精巧”程度。他们似乎觉得，理论越“复杂”，肯定就越“重要”。

这种观点完全背离了理论的终极目标，即描述已有现象，并预测新的现象，而非追求数学形式上的“精巧”。

当然，如果一个新的数学描述能使理论预测新的现象，那么不管它看起来有多复杂，我们都愿意把它加入我们的数学工具箱。量子力学中的希尔伯特算符与广义相对论中的微分几何，都是很好的例子。

有时候，在理论中采用更“经济”（简单）的数学形式，可能启发新的研究方向，这对科学发展大有裨益。

然而，若将数学作为探索新现象的唯一指导原则，也会产生问题。在自然科学中，如果只考虑数学，而不考虑实际意义，可能会引出一些符合逻辑但很难找到对应自然现象的概念。实际上，若在提出一个理论时只考虑数学，就很可能会得到没有任何物理意义的结果。比如，无穷大的量在数学中有很好的定义，但是自然科学中，它没有实际的意义，我们的仪器是有限的，因此无法测量无穷量。

总之，由基本公理推导出的数学量，可能在现实世界中找不到与之对应的实体。

因此，尽管我们必须承认数学是一个无比强大的工具，但它对于自然科学的重要性却不应该被过分强调。自然科学的终极目标是描述物质世界，而物质实在是不依赖于具体的数学描述的。

除此之外，在所有可用的理论中，我们会优先选择最简洁的那个来描述已知的现象（奥卡姆剃刀原理），而对于还未被描述或预测的现象，我们会选择应用范围最容易拓展的那个理论。

如果一个理论不满足以上任何一个条件，那么这个理论可能（在数学上）过于“复杂”，以至于无法计算任何结果和做出新的预测。此时就没有任何道理把它的地位提升为“受到认可的理论”。

如果这真的发生了，那一定是某些人为了个人目的对科学界施加了“压力”。每当这种事情发生时，科学都是受害者。

当下无论是从事科学工作的人数，还是研究成果的产出，都处于稳定的增长中，已经到了必须直面这个问题的关键时刻。

因此，我们必须清楚地限定一个合理的范围，对于物质世界的描述必须在此范围内，否则就会出现混乱。同行评议（把一项研究工作交给匿名的同行进行审查）就是为了应对这种需求而出现的。在过去的一个世纪中，同行评议系统在学术成果评价和研究经费分配方面承担了越来越重要的角色。尽管这个系统不是绝对可靠的[1]，还需不断改进，但它确实为科学家的工作提供了必要的评价方式。

事实上，人们一直在想办法改进这个系统，或者找到更好的“制衡机制”来约束它，相关的讨论仍在进行中，也欢迎大家提出宝贵的建议。

最后，我认为科学的前景是乐观的。我坚信如果诚实地运用科学方法，它就能帮助我们理解在探索自然的过程中发现的现象，并深刻地揭示它们的本质。因为客观事实就

1　比如，同行评议系统可能会被少数科学家操纵，来宣扬他们自己或他们的“圈子”认可的想法；而某些编辑可能会为了提高所在期刊的影响力而操纵审稿过程。

摆在那里，它不会因潮流或某些人的想法而发生改变。只要牢记这一点，人类就一定会从科学这项伟大的事业中不断获益。

拓展阅读

1 皮埃尔·杜亥姆(Pierre Duhem),《科学史与哲学论文集》(*Essays in the History and Philosophy of Science*)(Hackett Pub. Co., 1996)。

► 这本书清晰地讲述了科学研究的可能性与限制，个人认为它是同类作品里写得最好的。该书的作者是20世纪初一位著名的物理学家，即便一个世纪过去了，书中的观点和内容依然没有过时。它可以作为我这本小册子的拓展与延伸，大家试着读一读，一定会给你一段愉悦的经历。

2 托马斯·库恩(Thomas Kuhn),《科学革命的结构》(*The Structure of Scientific Revolutions*)(University of Chicago Press, 1962)。

► 这本书的作者是一位哲学家，同时也是一位物理学研究者。该书重点关注科学的“社会学”，以及历史上重大的科学变革(他称为科学“范式”的转变)是如何发生的。这是一本百科全书式的著作，读起来非常友好，但它并未像杜亥姆的那本书一样清楚而深入地探讨科学方法。

3 卡尔·波普(Karl Popper),《科学发现的逻辑》(*The Logic of Scientific Discovery*) (Routledge, 1959)。

► 这是一本认识论的专著,作者是一位著名的科学哲学家。本书的主要观点之一就是科学的方法论应该要求一个科学理论总是能被证伪的。他认为不论做多少实验都不足以“证明”一个理论,但只需有一项与实验不符的预测结果就可以证伪这个理论。

► 我个人不赞同这个观点,一次预测失败不足以证明这个理论是彻底错误的。当一次实验证伪了理论的某个预测时,只能说我们找到了这个理论的一个使用界限,而不宜将整个理论全盘否定。

► 科学的理论不是数学猜想,后者的确只需一个反例就足以证伪。这两者的区别在于,自然科学的目标是描述物质世界中的客观现象,并预测新的现象;数学中的结论只需且只能从基本公理出发,以逻辑推理的方式清楚明确地推导出来,数学并不考虑它的结论是否符合现实。

索引

A

B

C

D

F

G

J

K

L

M

N

图字: 01-2020-1841号

科学方法

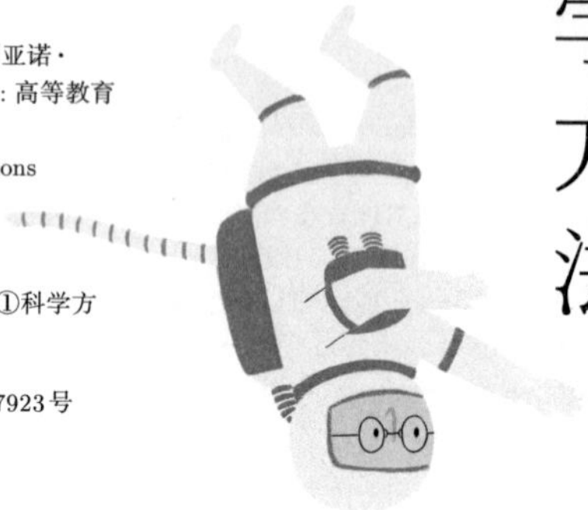

图书在版编目(CIP)数据

科学方法：实践者的反思 / (美) 马西米利亚诺·迪·文特拉著；王景淳，郑晓译. -- 北京：高等教育出版社，2022.3

书名原文：The Scientific Method: Reflections from a Practitioner

ISBN 978-7-04-056377-1

Ⅰ. ①科… Ⅱ. ①马… ②王… ③郑… Ⅲ. ①科学方法论 Ⅳ. ①G304

中国版本图书馆CIP数据核字(2021)第147923号

物 料 号　56377-00

KEXUE FANGFA

出版发行	高等教育出版社
社　　址	北京市西城区德外大街4号
邮政编码	100120
印　　刷	北京盛通印刷股份有限公司
开　　本	850mm×1168mm　1/32
印　　张	4.625
字　　数	78千字
购书热线	010-58581118
咨询电话	400-810-0598
网　　址	http://www.hep.edu.cn
	http://www.hep.com.cn
网上订购	http://www.hepmall.com.cn
	http://www.hepmall.com
	http://www.hepmall.cn
版　　次	2022年3月第1版
印　　次	2022年3月第1次印刷
定　　价	39.00元

策划编辑	和　静
责任编辑	和　静
书籍设计	张申申
插图设计	杨伟露
责任校对	刘娟娟
责任印制	赵义民